LA SCIENCE FRANÇAISE

LES SCIENCES MÉDICALES

LA SCIENCE FRANÇAISE

LES SCIENCES MÉDICALES

Par HENRI ROGER

PARIS
LIBRAIRIE LAROUSSE
13-17, rue Montparnasse

LES SCIENCES MÉDICALES

PENDANT tout le moyen âge, les médecins occupés à commenter Hippocrate, Aristote ou Galien, épuisèrent leurs efforts en des dissertations stériles. Les chirurgiens, plus pratiques, réalisèrent quelques progrès. Au XIVe siècle fut fondée la confrérie de Saint-Côme qui devait aboutir au XVIIIe siècle à la Société royale de chirurgie. Dès ses débuts elle compte parmi ses adhérents un homme de valeur, Guy DE CHAULIAC, qui publia en 1363 une *Grande Chirurgie*, exposé didactique qui fixe exactement l'état de la science à cette époque et montre l'influence considérable qu'exerçaient les philosophes et les médecins arabes. Réédité par Nicaise, cet ouvrage renferme des faits intéressants et mérite encore d'être parcouru.

A l'époque de la Renaissance, l'emploi des armes à feu changea complètement l'aspect et la nature des plaies. La gravité des blessures fit admettre que les projectiles étaient envenimés par la poudre ; pour empêcher l'empoisonnement de l'organisme, on eut recours à des procédés terribles : on promenait le fer rouge dans les plaies, on répandait de l'huile bouillante sur les membres atteints.

C'est alors qu'intervint Ambroise PARÉ. Il démontra que la balle est dénuée de propriétés toxiques ; il préconisa les traitements les plus simples, enfin, au siège de Damvilliers, en 1552, il commença à pratiquer systématiquement l'hémostase au moyen de ligatures. La méthode avait déjà été indiquée par Guy de Chauliac d'après Avicenne, mais elle n'était pas entrée dans la pratique. C'est Ambroisé Paré qui l'a mise en valeur. A. Paré a publié un livre rempli d'observations intéressantes, de détails curieux, d'idées neuves et ingénieuses. Mais il n'a pu se débarrasser des préjugés de son époque : à côté de faits scientifiques d'une valeur incontestable, on trouve des histoires bizarres et quelque peu fantastiques. MALGAIGNE a donné de cet important ouvrage une édition excellente.

Au XVIIIe siècle on peut citer PECQUET qui décrivit le canal thoracique et découvrit le réservoir qui porte son nom (citerne de Pecquet). Ces recherches eurent un retentissement considérable, car elles tendaient à prouver qu'on avait attribué une trop grande importance au foie, une partie des aliments pénétrant non par la veine porte, mais par les chylifères. D'autres anatomistes français firent quelques constatations intéressantes, tels furent : RIOLAN, VIEUSSENS, LITTRE, MERY, DUVERNEY. A la même époque, VARANDAL, à Montpellier, décrivait sous le nom de chlorose l'anémie des jeunes filles ; BAILLOU étudiait les maladies épidémiques et, dans le groupe fort disparate des arthropathies, individualisait un type clinique particulier, le rhumatisme articulaire aigu dont il indiquait certaines complications et dont il faisait connaître les manifestations cérébrales.

Le XVIIIe siècle compte un certain nombre de chirurgiens éminents. Tel fut Jean BASEILHAC, plus connu sous le nom de FRÈRE COME, qui fit considérablement progresser l'opération de la taille. Tels furent aussi les membres de la Société royale de chirurgie (1731-1793) parmi lesquels il convient de citer LOUIS, J.-L. PETIT et DESAULT.

Si la chirurgie faisait de nombreux progrès, la médecine qui ne parvenait pas à se dégager de la scholastique restait stationnaire. BORDEU, BARTHEZ eurent une réputation universelle, mais ils étaient plutôt métaphysiciens que médecins. Cependant VICQ D'AZYR, LIEUTAUD, PORTAL firent quelques observations intéressantes, et SÉNAC publia des recherches fort importantes sur l'anatomie et la pathologie du cœur.

A la fin du XVIIIe siècle, LAVOISIER fondait la chimie et

ouvrait à la biologie une voie nouvelle. Il comprit que la plupart des phénomènes qui se passent dans les êtres vivants sont d'ordre chimique et prépara la grande révolution scientifique que devait réaliser le siècle suivant.

Au XIXe siècle, quatre noms méritent d'être mis immédiatement en vedette : BICHAT, mort en 1802, à l'âge de trente et un ans, qui fut le fondateur de l'anatomie générale; LAËNNEC, qui dota la science d'une méthode nouvelle d'investigation, l'auscultation, et traça l'histoire de toutes les affections thoraciques; Claude BERNARD, qui organisa la physiologie et introduisit en biologie la notion de déterminisme; PASTEUR qui, par ses découvertes sur les microbes, rénova complètement l'histoire des infections.

I. ANATOMIE ET HISTOLOGIE MÉDICALES. — Nous n'insisterons pas sur les progrès réalisés par l'anatomie. Les dissections faites systématiquement depuis la Renaissance avaient permis de donner une description exacte et complète du corps humain. Les modernes se sont attachés à l'étude du système nerveux et ont ajouté un certain nombre de détails sur lesquels nous ne pouvons insister. Nous nous contenterons d'indiquer les traités didactiques publiés en France. Ce sont d'abord deux magnifiques atlas qui sont dus, l'un à BOURGERY et JACOB, l'autre à BONAMI, BROCA et BEAU. Nous signalerons ensuite le *Traité d'anatomie descriptive* de CRUVEILHIER et celui de SAPPEY qui furent longtemps classiques et deux ouvrages modernes, celui de POIRIER et CHARPY, et celui de TESTUT, tous deux remarquables par la clarté et la précision des descriptions, par l'abondance et la beauté de l'iconographie.

L'*anatomie topographique*, avec ses nombreuses applications à la chirurgie, à l'obstétrique, à la médecine, a toujours occupé en France une place importante. Nous avions autrefois deux traités extrêmement bien faits : celui de RICHET et celui de TILLAUX. Actuellement, nous possédons dans l'anatomie topographique de Testut et Jacob un ouvrage excellent.

L'enseignement pratique de l'anatomie a été réorganisé

en France par FARABEUF qui a fait considérablement progresser l'anatomie et la médecine opératoire. Il a publié avec VARNIER une *Introduction à la pratique des accouchements*, important travail d'anatomie obstétricale.

En fondant l'anatomie générale, Bichat a ouvert la voie à l'histologie. Parmi les histologistes français il convient de citer Ch. ROBIN et surtout RANVIER dont le *Traité d'histologie* est rempli de faits nouveaux et d'observations personnelles. Nous ne pouvons, même brièvement, résumer l'œuvre accomplie par les histologistes français PRENANT, MALASSEZ, HENNEGUY, RENAUT, NAGEOTTE, RETTERER, MULON, LAGUESSE, RABAUD, REGAUD, PETTIT, BOUIN. Nous nous contenterons de mentionner le récent *Traité d'histologie* de PRENANT, ouvrage aussi original que bien documenté, dans lequel une large place a été faite à l'histochimie.

II. PHYSIOLOGIE ET MÉDECINE EXPÉRIMENTALE. — Pendant longtemps, l'anatomie et l'histologie furent considérées comme les sciences fondamentales qui devaient servir de base aux progrès de la médecine. La tâche du clinicien semblait achevée quand on était parvenu à rattacher les symptômes observés pendant la vie à une lésion décelable après la mort. Actuellement c'est la recherche des troubles fonctionnels qui a passé au premier plan des préoccupations médicales, et c'est leur interprétation qui dirige les investigations. La physiologie et la pathologie expérimentale ont conquis ainsi la place prépondérante. Si leur histoire commence avec les travaux de Galien, si au XVIIe siècle, Harvey, en découvrant la circulation du sang, a réalisé un progrès immense, c'est seulement au XVIIIe siècle, avec Haller et Spallanzani que se développe l'étude systématique de la physiologie. A cette époque, RÉAUMUR publia des expériences fondamentales sur l'action du suc gastrique.

L'étude des *fonctions digestives* est redevable à la science française de nombreux progrès. MIALHE découvrit l'amylase salivaire. VALENTIN, puis BOUCHARDAT et SANDRAS (1845) montrèrent l'action du suc pancréatique sur l'amidon, et

AMBROISE PARÉ (1517-1590)

FAC-SIMILÉ D'UN BOIS TIRÉ
DES *Œuvres d'A. Paré* (1575)

Corvisart (1857) établit son rôle dans la transformation des albumines.

En 1849, Claude Bernard reconnut que le suc pancréatique dédouble les graisses neutres en glycérine et acides gras, suivant la formule établie par Chevreul (1813) qui le premier réussit l'analyse des graisses dont Berthelot devait plus tard réaliser la synthèse. Claude Bernard acheva la démonstration en faisant voir que la ligature du canal pancréatique empêche le dédoublement des graisses neutres qui se retrouvent à peu près intactes dans les matières fécales. Ses expériences, complétées par celles de Dastre, ont montré la part respective du suc pancréatique et de la bile dans l'absorption des matières grasses par les chylifères.

C'est encore à Claude Bernard qu'on doit la découverte de l'invertine intestinale. Ce ferment reste inclus dans les cellules (Bierry et Frouin) et n'en sort que lorsque du saccharose arrive au contact de la muqueuse. L'attraction des ferments par les matières fermentescibles est tellement énergique, qu'introduit dans le péritoine d'un lapin le saccharose fait passer l'invertine à travers les parois de l'intestin dans la cavité abdominale (Roger et Garnier). Si on injecte de l'amygdaline, l'émulsine intestinale passe dans le péritoine et donne naissance à de l'acide cyanhydrique qui empoisonne l'animal.

L'étude générale des ferments a été poursuivie en France par Victor Henri qui a donné la formule de leur action; par Delezenne qui a publié d'importants travaux sur la papaïne et l'action du suc pancréatique; par Bierry et Terroine qui ont étudié la réaction du milieu; par Bourquelot qui a fait des recherches fort originales sur la réversibilité des ferments.

Parmi les autres expériences relatives au tube digestif il faut mentionner celle de Magendie qui, remplaçant l'estomac d'un chien par une vessie de porc, établit le rôle des muscles abdominaux dans le mécanisme du vomissement. La présence de l'acide chlorhydrique dans le suc gastrique a été démontrée par Prout en 1825. Enfin Blondlot fut le premier à pratiquer des fistules gastriques (1843) indiquant ainsi un procédé qui a permis de poursuivre l'étude des fonctions de l'estomac.

La *physiologie du foie* a toujours fixé l'attention des savants français. La découverte fondamentale est celle de la glycogénie hépatique. Claude Bernard a montré que le foie met en réserve les hydrates de carbone sous la forme de glycogène, substance analogue à l'amidon. Il en a déterminé les origines, les caractères chimiques, les transformations ultérieures ; il en a reconnu la présence dans d'autres tissus ; il en a montré la diffusion chez le fœtus. Il a indiqué la signification de la fonction glycogénique et lui a rattaché le développement de certaines glycosuries. Ces découvertes furent le point de départ de nombreuses recherches tant en France qu'à l'étranger qui toutes ont confirmé les travaux de Bernard et en ont souligné l'importance.

Le foie agit aussi sur les graisses comme l'ont montré Claude Bernard et tout récemment GILBERT et CARNOT. Il joue dans la coagulation du sang un rôle bien mis en évidence par DOYON ; il neutralise certaines substances toxiques et détruit divers microbes comme l'ont établi plusieurs travaux français que nous retrouverons bientôt. Enfin il constitue un véritable centre thermogène comme l'a encore montré Claude Bernard.

La découverte de la glycogénie hépatique peut être considérée comme le point de départ des connaissances actuelles sur les *sécrétions internes*. C'est BROWN-SÉQUARD qui, dès 1868, dans le cours qu'il fit à la Faculté de médecine de Paris, montra l'importance des substances déversées dans le sang par les organes. Ses premières recherches remontent à 1856 et ont porté sur les *capsules surrénales*. Ces glandes ont été étudiées depuis cette époque par VULPIAN qui traitant le tissu par le perchlorure de fer lui vit prendre une coloration brun verdâtre, réaction importante qui met en évidence la présence de l'adrénaline.

ABELOUS et LANGLOIS ont établi l'intervention des capsules surrénales dans la lutte contre la fatigue. JOSUÉ a montré leur rôle dans le développement des lésions artérielles : par des injections répétées d'extraits capsulaires ou d'adrénaline, il a réalisé des lésions athéromateuses et des anévrismes. Il est inutile de rappeler les nombreux travaux dont cette découverte a été le point de départ.

Parmi les recherches poursuivies sur les glandes à sécrétion interne, nous devons signaler tout spécialement celles de Gley qui a eu le mérite de commencer l'histoire physiologique des *glandes parathyroïdes;* Moussu montra que leurs fonctions sont différentes de celles dévolues à la thyroïde.

Nos connaissances sur la physiologie de l'*appareil respiratoire* commencent avec les travaux de Lavoisier sur l'oxygène. L'étude des échanges gazeux et des variations du quotient respiratoire a été abordée par W. Edwards, Regnault et Reiset et poursuivie par Chauveau, Richet, Hanriot, Laulanié. Les recherches de Gautier ont renové l'histoire des échanges respiratoires des tissus, en montrant l'importance de la vie anaérobie des cellules.

A la suite des observations de Jourdanet sur *la vie dans les altitudes*, P. Bert a entrepris, sur la *pression barométrique*, une série de recherches parmi lesquelles nous indiquerons tout spécialement celles sur l'état permanent d'anoxhémie dans les altitudes, sur l'adaptation à l'insuffisance d'oxygène, sur le maintien de la vie dans l'air raréfié.

C'est aux travaux français qu'on est redevable de nos connaissances fondamentales sur l'*appareil circulatoire*. Buisson et surtout Marey ont montré tout le parti qu'on peut tirer de la méthode graphique. En opérant sur le cheval, Chauveau et Marey ont fixé d'une façon définitive la succession des mouvements du cœur.

L'action du système nerveux sur le cœur a été étudiée avec grand soin par les physiologistes allemands. Mais Legallois, avant von Bezold, a montré l'influence de la moelle épinière. Dastre et Morat ont découvert les fibres accélératrices des pneumogastriques ; François Franck a étudié l'influence des excitations sensitives sur le rythme cardiaque.

L'histoire des *nerfs vaso-moteurs* commence en France au XVIIIe siècle avec l'expérience célèbre de Pourfour du

Petit qui vit la section du sympathique cervical déterminer une vaso-dilatation de la face. Claude Bernard reprit et acheva la découverte des vaso-constricteurs et reconnut en excitant la corde du tympan l'existence des nerfs vaso-dilatateurs. L'étude des vaso-moteurs fut complétée par les recherches de Brown-Séquard, de Vulpian, de Dastre et Morat qui montrèrent l'ubiquité des vaso-dilatateurs et par celles de P. Bert, Laffont, Camus et Gley, qui mirent en évidence les vaso-moteurs des vaisseaux lymphatiques.

Les recherches expérimentales sur les fonctions dévolues au *système nerveux*, commencées par Galien et continuées par Haller, n'ont abouti à de grandes découvertes qu'au XIXe siècle. Flourens ayant réussi à maintenir en vie des grenouilles et des pigeons auxquels il avait extirpé le cerveau, détermina le rôle de cet organe dans les diverses manifestations de l'activité psychique. Puis il montra les fonctions du cervelet, décrivit les effets produits par les lésions des pédoncules cérébelleux, fit quelques recherches sur le corps strié et s'attacha enfin à l'étude du bulbe. Déjà Legallois avait indiqué le rôle de la moelle allongée dans la respiration. Flourens, dans des expériences d'une précision parfaite, parvint à localiser en un point précis, improprement dénommé *nœud vital*, le centre des mouvements respiratoires.

L'étude de la physiologie des centres bulbaires a été reprise par Claude Bernard qui découvrit une région dont la piqûre détermine la glycosurie et tira de ce fait d'importantes déductions pour le mécanisme de certains diabètes. En pratiquant des piqûres sur divers points du plancher du quatrième ventricule, Claude Bernard obtint de la polyurie ou de l'albuminurie ou de la salivation. Des expériences récentes poursuivies en France démontrent que le centre bulbaire de la salivation est mis en action par les pneumogastriques, ce qui explique le ptyalisme consécutif aux excitations de l'œsophage ou de l'estomac (*réflexe œso-phago-salivaire et réflexe gastro-salivaire*).

En 1821, Magendie démontra le rôle des *racines antérieures* et des *racines postérieures*, les premières servant à la transmission des incitations motrices, les secondes au passage des impressions sensitives. Mais il reconnut que les racines antérieures ont une certaine sensibilité due à quelques fibres des racines postérieures. Cette *sensibilité récurrente* bien étudiée par LONGET et Claude Bernard s'observe aussi dans les parties périphériques du système nerveux, comme l'ont montré ARLOING et TRIPIER. Enfin Claude Bernard et Chauveau ont établi le rôle des racines postérieures dans la coordination motrice et ont fourni ainsi l'explication physiologique de la démarche qu'on observe dans l'ataxie.

Nous signalerons encore, sans y insister, les recherches de Claude Bernard sur le rôle trophique du trijumeau et les effets de la section intracranienne de ce nerf, sur l'action sécrétoire du glosso-pharyngien, sur les *réflexes ganglionnaires*; celles de LIÉGEOIS et de Vulpian sur les nerfs de l'iris; celles de Arloing, Morat et Doyon sur le rôle trophique du sympathique. Mais il faut faire une mention spéciale des travaux de Flourens sur les *canaux semi-circulaires*. Les troubles de l'équilibre qu'il observait expliquaient le syndrome vertigineux décrit par MÉNIÈRE. Ces recherches furent reprises par DE CYON qui, par d'admirables expériences réalisées au laboratoire de Claude Bernard, démontra que les trois canaux, disposés suivant les trois coordonnées de l'espace, peuvent être considérés comme les organes d'un sens spécial.

La *physiologie des mouvements* est véritablement l'œuvre de DUCHENNE, de Boulogne. L'électrisation localisée lui a permis de déterminer le rôle des différents muscles du corps humain, travail immense dont les résultats sont exposés dans trois ouvrages : l'*Électrisation localisée*, la *Physiologie des mouvements* et le *Mécanisme de la physionomie humaine.*

Ce travail d'analyse a été complété par les recherches de Marey qui, en utilisant la *chronophotographie*, parvint à saisir les phases successives des mouvements les plus complexes et à photographier les divers temps de la marche, de la course, du saut et du vol des oiseaux.

Chauveau a parachevé nos connaissances sur la physiologie des mouvements en montrant d'une façon péremptoire que l'énergie nécessaire est fournie au muscle par le glycose. L'expérience qu'il a réalisée avec Kaufmann sur le masséter du cheval est devenue classique et nous ramène à l'histoire de la glycogénie hépatique : en fournissant à l'organisme le sucre dont il a besoin pour ses dépenses énergétiques, le foie est le collaborateur de la contraction musculaire.

Un chapitre nouveau a été ouvert à la physiologie expérimentale par les recherches récentes sur les *greffes*, sur la *survie des cellules* et la *culture des tissus*. C'est à un savant français, Carrel, attaché à l'institut Rockfeller de New-York, que nous sommes redevables de nos principales connaissances sur ces importantes questions. Les travaux de notre compatriote ont reçu, il y a deux ans, la consécration du prix Nobel.

Les physiologistes français ont écrit un certain nombre d'ouvrages généraux et de traités didactiques. En 1868, Longet a fait paraître un traité de physiologie en 3 volumes qui résume parfaitement l'état de la science à cette époque. L'œuvre de Claude Bernard est exposée dans 18 volumes, recueil incomparable de faits et d'observations dont la lecture est singulièrement suggestive, car, en dehors des résultats bien connus, on y trouve une série de recherches inachevées, d'idées originales qui n'ont pas été développées et qui sont simplement indiquées comme pouvant servir de point de départ à de nouvelles investigations. Enfin nous appellerons l'attention sur le *Dictionnaire de physiologie*, que publie Ch. Richet avec la collaboration de nombreux savants français et étrangers, encyclopédie complète dont neuf volumes ont déjà paru.

A côté du dictionnaire de physiologie il convient de citer le *Traité de physique biologique* publié par d'Arsonval, Chauveau, Gariel, Marey, Weiss, et le *Traité de radiologie* publié sous la direction de Bouchard.

III. PATHOLOGIE GÉNÉRALE. — Les résultats de la physiologie et de la médecine expérimentale servent de base aux conceptions actuelles de la *pathologie générale*. Cette branche des sciences médicales a conquis en France, grâce la puissante impulsion donnée par Bouchard, une place prépondérante. On peut s'en rendre compte en parcourant le nouveau *Traité de pathologie générale*, publié sous la direction de Bouchard et ROGER, dont les deux premiers volumes ont paru récemment et la *Physiopathologie clinique* de GRASSET, véritable traité de physiologie appliquée à la médecine.

Dans tous les travaux des physiologistes et des pathologistes contemporains une place importante est réservée aux *intoxications* et aux *auto-intoxications*.

Parmi les *poisons* dont l'étude a fait progresser les sciences biologiques il convient de mettre à part le curare. On sait quel parti Claude Bernard a tiré de cette substance : elle lui a permis de réaliser des dissociations fonctionnelles que la vivisection la plus fine n'aurait pu réussir. Ses recherches ont été complétées par les expériences très précises de M. et Mme LAPICQUE.

Il est impossible de passer sous silence les études de LANCEREAUX, LABORDE et MAGNAN, DUJARDIN-BEAUMETZ et AUDIGÉ, CADÉAC et MALLET, JOFFROY et SERVEAUX sur l'alcoolisme et la toxicité des différentes substances entrant dans la composition des boissons alcooliques; celles de TANQUEREL DES PLANCHES sur le saturnisme, sur les paralysies saturnines liées à des névrites segmentaires périaxiles (GOMBAULT), celles de Claude Bernard, GRÉHANT, NICLOUX sur l'intoxication oxy-carbonée. Les venins du crapaud, de la salamandre, du triton, ont été étudiés avec soin par Vulpian et par PHISALIX, celui des abeilles par P. Bert, celui de la vipère par Kaufmann.

Les travaux de Phisalix et BERTRAND ont commencé l'étude de la sérothérapie antivenimeuse qui a été complétée et achevée par CALMETTE. Toute cette question se trouve exposée dans le volume de Calmette sur *les Venins*.

L'importance des auto-intoxications ressort d'une série considérable de travaux exécutés ou inspirés par Bouchard. Dans la plupart de ces questions, Bouchard a été l'initiateur; il a su grouper les faits épars et les réunir dans une synthèse puissante et féconde. Reprenant les anciennes expériences de SÉGALAS et VAUQUELIN, de FELTZ et RITTER, il a établi définitivement que l'urine renferme des substances toxiques dont la quantité et les propriétés varient au cours des divers états physiologiques et pathologiques. Recherchant l'origine des poisons urinaires, Bouchard a reconnu qu'ils proviennent en partie des tissus, en partie du tube digestif. De nombreuses expériences démontrent, en effet, que les tissus renferment des substances toxiques, dont les unes, les plus actives, sont thermolabiles, dont les autres résistent à la chaleur et peuvent être séparées par l'alcool. En opérant avec des extraits préparés à froid, on constate que l'injection préalable d'une dose non mortelle confère immédiatement une immunité contre l'action d'une ou de plusieurs doses mortelles. Ce phénomène a été étudié par Roger, Gley, CHAMPY, LAMBERT, ANCEL et BOUIN, et décrit sous les noms de tachyphylaxie (Gley) et tachysynéthie (Roger).

Ce qui n'est pas moins important, c'est l'étude des substances qui se dégagent des tissus par suite de leur autolyse. En opérant avec le poumon, on obtient un produit fortement hypertenseur (Roger).

Les poisons du tube digestif rentrent pour une part dans le groupe des poisons putrides. C'est un Français, GASPARD, de Saint-Étienne qui, le premier, démontra la toxicité des matières putréfiées. L'étude chimique en a été poursuivie par A. GAUTIER, ETARD, l'étude expérimentale par Bouchard et par METCHNIKOFF qui leur fait jouer un grand rôle dans le développement des altérations séniles. A côté de ces substances toxiques, il en est d'autres qui prennent naissance par le jeu régulier des cellules digestives ou par l'action des sucs sur les aliments. C'est à ces substances, normalement élaborées dans les parois gastro-intestinales et non aux poisons putrides qu'il faut rattacher les accidents de l'occlusion intestinale, comme l'ont montré Roger et GARNIER, dont les recherches ont été confirmées et complétées par un grand nombre de savants américains, Draper-Maury, Bunting et Jones, Stone et Bernheim.

LAËNNEC (1781-1826)

Les poisons introduits ou formés dans l'organisme peuvent être neutralisés par diverses sécrétions, arrêtés ou transformés par un grand nombre de glandes. C'est ainsi que la bile diminue dans des proportions marquées l'action des poisons putrides (Roger, VINCENT) ; si elle n'est pas antiseptique et ne s'oppose pas à la pullulation des microbes, elle entrave leur action sur les matières fermentescibles. Parmi les organes capables d'arrêter et de transformer les poisons, il faut citer surtout le foie et le poumon (Roger). Ces organes exercent aussi, en même temps que la rate, une action destructive sur un grand nombre de bactéries.

Si les savants français ont longuement étudié les influences qui expliquent la résistance aux intoxications, ils ont abordé le problème inverse. En recherchant les effets produits par les injections successives d'une même substance, Richet a découvert un processus nouveau qu'il a décrit sous le nom d'*anaphylaxie*. Il a montré que les actinies renferment un poison, la thalassine, soluble dans l'alcool, dont l'injection intra-veineuse provoque du prurit et de l'urticaire. Si, quelques jours plus tard, on pratique une deuxième injection avec une dose inoffensive, on obtient des effets beaucoup plus marqués. Il y a donc une augmentation considérable de la sensibilité. Cette même substance possède, au contraire, la propriété d'immuniser contre le poison insoluble dans l'alcool, la congestine, vaso-dilatateur de l'intestin.

L'étude de l'anaphylaxie a été complétée par les travaux d'ARTHUS, physiologiste français, actuellement professeur à l'Université de Lausanne, qui a découvert les effets toxiques locaux et généraux produits par les injections répétées de petites doses de sérum de cheval à des lapins.

Parmi les autres sujets ressortissant à la pathologie générale, il faut signaler les *troubles nutritifs*, longuement étudiés par Bouchard. A. Gautier a poursuivi d'importantes recherches sur la distribution de l'iode et de l'arsenic dans l'organisme et sur leur signification physiologique. Enfin, CHAUFFARD et GRIGAUT ont publié d'intéressantes observations sur le cholestérine.

L'étude de l'inoculabilité du *cancer* commence, après deux observations de HANAU, par un mémoire fondamental de MOREAU ; elle a été reprise dans ces derniers temps par BORREL.

La *tératologie* constitue un important chapitre de la pathologie générale. Deux noms méritent d'être mis en vedette : celui de GEOFFROY SAINT-HILAIRE, qui a fait la classification des monstres, et celui de DARESTE, le fondateur de la tératologie expérimentale. Mais il serait injuste de ne pas citer les intéressantes expériences de CHABRY et de FÉRÉ.

IV. PATHOLOGIE MÉDICALE. — Jusqu'à la fin du XVIIIe siècle, les médecins se contentaient d'observer les troubles morbides et de noter simplement les manifestations facilement appréciables. Un médecin de Vienne, Auenbrugger, introduisit dans la science une méthode fondamentale, la percussion. Mais son idée n'eut aucun succès et risquait fort d'être oubliée si CORVISART ne l'avait reprise et ne l'avait mise en valeur. « La découverte d'Auenbrugger était si peu connue que Corvisart aurait pu s'en approprier facilement la priorité et se poser comme l'inventeur de la percussion. Mais, comme tous les hommes de grand mérite qui dédaignent d'acquérir une gloire facile aux dépens d'autrui, il se contenta du rôle modeste et secondaire de traducteur et d'interprète. Auenbrugger put encore, quelque temps avant de mourir, assister au triomphe de son idée nouvelle, triomphe auquel seul il n'aurait pu atteindre et dont il ne devait goûter les douceurs que grâce au concours d'un homme admirablement doué et noblement désintéressé » (1).

Nous avons cru intéressant de reproduire l'hommage rendu à Corvisart par le professeur Herman Eichhorst. Mais la conduite de notre illustre compatriote n'a rien d'extraordinaire : les savants français ont toujours tenu à

---

(1) EICHHORST : *Traité de diagnostic médical*, trad. Marfan et Weiss, Paris, 1894, p. 169.

honneur de citer leurs précurseurs et n'ont jamais laissé dans l'ombre les travaux des étrangers.

En face de la percussion parachevée par PIORRY, se dresse une autre méthode encore plus féconde en découvertes, c'est celle que LAËNNEC a décrite sous le nom d'*auscultation* et qui a complètement rénové l'étude des affections cardiaques et des affections pulmonaires. Mais Laënnec ne s'est pas contenté d'indiquer une méthode nouvelle, il en a poursuivi les applications avec ténacité et persévérance et a décrit la plupart des types cliniques actuellement connus.

La *pathologie du cœur* commence, avons-nous dit, avec les travaux de SÉNAC qui publia au XVIIIe siècle un magnifique ouvrage en deux volumes. Le premier, orné de planches fort exactes, donne une description anatomique de l'organe; le second, consacré à ses troubles fonctionnels, renferme une étude remarquable du syndrome que BEAU dénomma plus tard asystolie.

Laënnec, en auscultant le cœur, découvrit les bruits de souffle dont BOUILLAUD et POTAIN précisèrent les caractères et la valeur sémiologique. Un autre médecin français, COLIN, entendit le premier, le frottement péricardique.

L'histoire des cardiopathies a été complétée par DUROZIEZ, qui décrivit le rétrécissement mitral pur, par Marey, Potain, François Franck, qui appliquèrent la méthode graphique à l'exploration clinique; par Potain, qui étudia les variations de la pression au moyen de son sphygmomanomètre; par PACHON, qui a récemment inventé un appareil très précis, l'oscillomètre, permettant de mesurer la tension maxima et la tension minima. L'œuvre considérable de Potain est exposée dans sa *Clinique médicale de la Charité;* on y trouve, à la suite des travaux du maître, une série de recherches poursuivies par ses collaborateurs SUCHARD, TEISSIER, VAQUEZ et un important mémoire de François Franck sur la digitaline.

Il est enfin deux syndromes qui ont été individualisés en France : l'angine de poitrine, décrite en 1768, par ROU-

GNON, quelques mois avant HEBERDEN, et la tachycardie paroxystique essentielle dont on doit la connaissance à BOUVERET.

Les travaux de l'École française n'ont pas moins contribué au progrès de la pathologie de l'*appareil respiratoire.* C'est ainsi que les bronchites, confondues avec diverses affections pulmonaires sous le nom de catarrhe, ont été individualisées par PINEL, BROUSSAIS et surtout Laënnec.

L'œdème du poumon a été décrit par Laënnec, puis par ANDRAL. C'est encore Laënnec qui a découvert les hémorragies parenchymateuses du poumon, dont il a indiqué les deux formes principales, l'une diffuse, l'autre circonscrite; cette dernière constituant ce qu'il appela un infarctus et se traduisant pendant la vie, par le rejet de crachats hémoptoïques.

L'histoire de la pneumonie est particulièrement intéressante. Grâce à l'auscultation, Laennec a pu décrire d'une façon précise les trois périodes de la maladie, montrant la valeur sémiologique des râles crépitants, du souffle, des râles sous-crépitants de retour. L'histoire clinique fut complétée par RILLIET et Barthez qui ont indiqué les caractères spéciaux de la pneumonie infantile, par HOURMANN et DECHAMBRE qui en ont fait l'étude chez les vieillards, par GRISOLLE qui a publié sur la question une monographie complète. L'agent pathogène, le pneumocoque, fut trouvé par Pasteur dans la salive d'un enfant; son rôle dans la pneumonie a été établi par TALAMON, dont la découverte a été confirmée et complétée par FRÄNKEL. Enfin, NETTER a poursuivi des recherches systématiques qui ont mis en évidence les localisations pneumococciques sur l'endocarde, les méninges, l'oreille moyenne.

Parmi les autres affections pulmonaires, individualisées par l'École française, on peut citer le cancer du poumon, (BAYLE, Laënnec), la gangrène pulmonaire (Bayle, Laënnec) dont la bactériologie est bien connue depuis les travaux de VEILLON; l'emphysème pulmonaire (Laënnec, Andral); la sclérose du poumon (Andral, Cruveilhier); la dilatation bronchique (Laënnec).

Dans le chapitre des pleurésies, nous retrouvons le nom de Laënnec, qui a donné le moyen de les diagnostiquer par l'auscultation. GRANCHER a montré comment on peut les différencier d'une affection qui les simule et qu'il décrivit sous le nom de spléno-pneumonie, LANDOUZY établit la nature tuberculeuse de la pleurésie banale attribuée au coup de froid. Enfin, DIEULAFOY et Potain ont indiqué le traitement, aujourd'hui classique, par la thoracentèse et l'évacuation du liquide au moyen d'un appareil aspirateur.

Le pneumothorax a été décrit par les auteurs français. Hippocrate avait bien indiqué un des signes de l'affection, le bruit du flot obtenu par la succussion, mais il l'attribuait à la présence d'un liquide. ITARD découvrit les épanchements gazeux. Laënnec, puis TROUSSEAU indiquèrent les signes qui permettent de les reconnaître.

Pour ne pas allonger démesurément cette notice, nous citerons simplement dans la *pathologie digestive*, trois affections dont la connaissance est due aux médecins français. La stomatite ulcéro-membraneuse, décrite par BRETONNEAU, qui ne sut pas la distinguer de la diphtérie, fut individualisée par BERGERON ; comme l'angine chancriforme, elle est sous la dépendance de l'association fuso-spirillaire (Vincent). Les ulcères du tube digestif ont été observés sur le duodénum, par Broussais, dès 1824, puis par RAYER et ROBERT. En 1830, Cruveilhier différencia du cancer l'ulcère simple de l'estomac et en indiqua les principaux caractères. Enfin, les premières observations d'appendicite ont été publiées en France, par MESTIVIER, JODELOT, MÉLIER, LEUDET, DUPLAY ; la description générale de la maladie a été tracée par NIMIER, Broca, TALAMON, Dieulafoy.

Il serait injuste de passer sous silence la part prise par HAYEM et LION, dans l'étude des affections gastriques et de ne pas mentionner les travaux de GLÉNARD sur l'entéroptose ou mieux l'organoptose.

Les médecins français se sont toujours occupés, avec une prédilection marquée, des *affections hépatiques*. Laënnec décrivit, en 1829, la cirrhose atrophique et lui imposa le nom qu'elle porte actuellement.

La cirrhose hypertrophique, signalée par REQUIN et par OLIVIER (de Rouen), a été individualisée par HANOT (1876) dans un mémoire justement célèbre. Depuis cette époque, on a décrit la cirrhose hypertrophique graisseuse (HUTINEL, SABOURIN), la cirrhose paludéenne (KELSCH et KIENER), la cirrhose pigmentaire du diabète bronzé (HANOT et Chauffard), la cirrhose atrophique tuberculeuse (Hanot), la cirrhose hypertrophique alcoolique avec ascite (Hanot et GILBERT),

L'étude de la syphilis hépatique a commencé en France, avec GUBLER, RICORD, Lancereaux. Enfin, Gilbert a décrit les ictères acholuriques et a fait une étude complète de la cholémie familiale, dont il a montré la grande fréquence.

Peu de temps après les découvertes fondamentales de Bright, Rayer a publié un traité des *maladies des reins*. Ce livre, rempli de faits nouveaux, constitue, suivant l'expression de Bartels, les véritables archives des affections rénales. L'étude anatomo-pathologique de ces affections a été rénovée par les recherches de CORNIL et BRAULT. Le mécanisme des troubles fonctionnels a été élucidé par ACHARD et WIDAL.

Achard a montré que pour être renseigné sur la perméabilité rénale, il suffit d'introduire dans l'organisme du bleu de méthylène et d'en suivre l'élimination par l'urine, méthode fort simple, qui est devenue rapidement classique. Il a indiqué ensuite le rôle des divers sels dans la production des œdèmes. Widal a repris la question et a montré que, dans les néphrites avec œdèmes ou néphrites hydropigènes, il y a rétention des chlorures, dans les néphrites urémigènes, il y a rétention azotée. Comparant les quantités d'urée contenues dans le sang et dans l'urine, AMBARD a établi une formule algébrique (constante d'Ambard) qui permet d'étudier d'une façon précise le fonctionnement des reins.

Les affections du *système nerveux*, par leur fréquence et leur bizarrerie, ont de tout temps fixé l'attention des observateurs. Mais jusqu'au commencement du XIXe siècle, rien n'était plus confus et plus désordonné que leur histoire.

C'est aux savants français que revient le mérite d'avoir individualisé les principaux types cliniques. Quelques noms méritent d'être mis en relief : OLLIVIER (d'Angers) qui commença l'étude des affections médullaires ; Broca, l'initiateur des localisations cérébrales ; Duchenne (de Boulogne), qui individualisa un grand nombre d'affections ; Vulpian, qui mena de front l'étude clinique et expérimentale ; CHARCOT, qui décrivit des types nouveaux, réunit et coordonna les travaux épars, créa l'École de la Salpêtrière, dont la réputation attira et continue d'attirer un grand nombre d'étrangers.

Parmi les *affections cérébrales* décrites en France pour la première fois, nous citerons le ramollissement (ROSTAN) ; l'hémorragie (ROCHOUX) due, dans un grand nombre de cas, à la rupture d'un anévrisme miliaire (Charcot et Bouchard), les paralysies alternes (MILLARD, Gubler) ; la paralysie pseudo-bulbaire (LÉPINE) ; enfin, la paralysie générale progressive, dont BAYLE indiqua les symptômes et les lésions, et dont l'origine syphilitique a été établie par FOURNIER.

C'est encore en France que commence l'étude des *localisations cérébrales*. Bouillaud reconnut que le siège du langage se trouve dans les lobes frontaux et, pour étayer son opinion, fit quelques expériences sur des chiens. DAX montra que la lésion siège toujours du côté gauche, Broca donna la localisation exacte dans la troisième circonvolution frontale. Dans ces derniers temps, cette localisation qui semblait si bien établie, a été mise en doute ; une polémique s'est engagée entre DÉJERINE, qui soutient l'opinion classique, et MARIE, qui s'efforce de la renverser, polémique extrêmement intéressante, car les auteurs ont apporté à l'appui de leur thèse un grand nombre d'observations nouvelles.

L'étude des localisations a grandement progressé, grâce aux faits cliniques publiés par Charcot, PITRES, Déjerine, aux expériences poursuivies par CARVILLE et DURET, François Franck, BOCHEFONTAINE, Lépine.

Dans ces derniers temps, BABINSKI, ayant repris l'étude

de l'hémiplégie, a trouvé deux signes nouveaux qui sont devenus rapidement classiques : le signe du peaucier et le phénomène des orteils. Marie a fait connaître le réflexe contro-latéral des adducteurs.

Les hémorragies méningées ont été séparées des hémorragies cérébrales par Serres (1819) et, si Virchow a décrit admirablement la pachyméningite hémorragipare, il a été précédé dans cette étude par Cruveilhier.

Tandis que la physiologie du *cervelet* était éclairée par les recherches de Flourens, Longet, Vulpian, la pathologie progressait grâce aux observations d'Andral, de Duchenne, de Hillairet, qui décrivit les hémorragies cérébelleuses. Tout récemment, Babinski a apporté une contribution importante à l'étude de la question en faisant connaître l'asynergie cérébelleuse et la diadococinésie. Marie a isolé un nouveau syndrome, l'hérédo-ataxie cérébelleuse, Déjerine et Thomas ont décrit l'atrophie ponto-cérébelleuse.

Les *myélites* ont été séparées des méningites par Ollivier, d'Angers, qui décrivit même les cavités pathologiques de la moelle et créa le mot de syringomyélie. L'origine infectieuse de certaines myélites a été établie par les observations cliniques de Marie et par les expériences de Roger, Gilbert et Lion, Thoinot et Masselin, Widal et Bezançon. Cette notion étiologique doit être étendue aux myélites chroniques, notamment au tabes, dont la nature syphilitique a été démontrée par Fournier.

Les premières observations d'*ataxie locomotrice* sont dues à Hutin, Monod, Ollivier, Cruveilhier. C'étaient des faits épars. Le neurologiste allemand Romberg eut le mérite de tracer l'histoire de la maladie (1851). Mais c'est Duchenne, de Boulogne, qui différencia définitivement l'ataxie des paraplégies (1858). Charcot montra la fréquence des formes frustes et décrivit les arthropathies ; Topinard indiqua les crises gastriques ; Féréol, les crises laryngées. Les lésions caractéristiques des cordons postérieurs ont été découvertes par Charcot et Pierret.

Si l'histoire du tabes a largement profité des travaux français, si les lésions de la paralysie infantile ont été dé-

PIERRE-CARL POTAIN (1825-1901)

PLAQUETTE DE
A. CHARPENTIER

crites pour la première fois par Duchenne, Vulpian et Pierret, d'autres affections ont été découvertes et complètement étudiées en France : telles sont la sclérose en plaques (Charcot et Vulpian, 1866), la sclérose latérale amyotrophique (Charcot, 1872), l'atrophie musculaire progressive (Duchenne, ARAN) dont l'étude anatomo-pathologique a été faite par Cruveilhier qui observa l'atrophie des racines antérieures et par LUYS, qui décrivit les lésions des cellules. La paralysie labio-glosso-laryngée, dont Trousseau et DUMESNIL avaient observé quelques cas isolés, fut individualisée par Duchenne (1860), tandis que les lésions étaient découvertes par Charcot, Duchenne, JOFFROY. Enfin, LANDRY décrivit un type clinique particulier, la paralysie ascendante aiguë.

La France a largement contribué à l'étude des *névrites périphériques* dont les premières descriptions sont dues à Gubler et à Dumesnil (de Rouen) et à l'histoire des *myopathies* dont le premier type clinique fut isolé par Duchenne sous le nom de paralysie pseudo-hypertrophique. Landouzy et Déjerine ont fait une étude remarquable des myopathies atrophiques progressives.

Pour les *névroses*, il suffit de rappeler l'importante contribution apportée à l'étude de l'hystérie par BRIQUET, Charcot, RICHER, PITRES et par Babinski qui a complètement modifié les conceptions anciennes en montrant le rôle capital du pithiatisme.

Enfin, nous ne pouvons oublier CABANIS qui, par son beau livre sur les *Rapports du physique et du moral de l'homme*, a été le précurseur de la phsychologie expérimentale.

Les traités français de neuropathologie sont fort nombreux. Le dernier paru est celui de Déjerine sur la Sémiologie du système nerveux, ouvrage remarquable dont la belle exécution typographique et iconographique répond à la haute valeur du texte.

Il serait trop long de parler du rôle qui revient aux travaux français dans l'étude des *maladies infectieuses*. Nous nous contenterons de rappeler les recherches de BRETONNEAU sur la diphtérie et le mémoire de GUERSANT sur le faux croup et de signaler l'invention du tubage par BOUCHUT.

La fièvre typhoïde a été différenciée des infections qui la simulent par LOUIS, tandis que PETIT et Serres, puis Bretonneau décrivaient les altérations caractéristiques des plaques de Peyer. Parmi les travaux contemporains, il suffit de rappeler ceux de Widal et SICARD sur le sérodiagnostic, de CHANTEMESSE et de Vincent sur la vaccination antityphique.

On ne peut parler de la syphilis sans citer constamment les noms de Ricord, BASSEREAU, FOURNIER. Dans un article récent (mars 1915), le professeur allemand Lesser a consacré une belle notice nécrologique à Fournier, « l'homme qui, jusqu'à l'ère nouvelle, contribua le plus à étendre nos connaissances relatives à la syphilis ».

L'histoire de la tuberculose est particulièrement intéressante. Bayle donna une description remarquable des affections consomptives des poumons. Laënnec fit une étude complète, anatomique et clinique, de la phtisie pulmonaire et affirma que la granulation grise, le tubercule jaune et la masse caséeuse ne sont que les trois aspects différents d'une seule et même maladie. En face de la doctrine uniciste de Laënnec, la science allemande a dressé la théorie dualiste. Reinhard, Virchow, Niemeyer, affirmèrent que les lésions caséeuses doivent être soigneusement différenciées des granulations ; que les deux processus relèvent de deux maladies différentes. Cependant, en 1866, VILLEMIN commençait la publication de ses mémorables recherches sur l'inoculabilité de la tuberculose. Il montrait que la maladie se transmet facilement de l'homme aux animaux et que l'inoculation des masses caséeuses aussi bien que l'inoculation des granulations détermine l'éclosion de lésions identiques.

Quelques années plus tard, en 1872, Grancher et THAON transportaient la question sur le terrain même qu'avaient choisi les savants allemands et, au nom de l'histologie, affirmaient l'unicité de la tuberculose. La découverte du bacille devait apporter un dernier appui à la théorie uniciste acceptée aujourd'hui sans conteste.

Parmi les *maladies chroniques*, nous devons mentionner le rhumatisme chronique, isolé par LANDRÉ-BEAUVAIS et surtout le diabète sucré dont BOUCHARDAT a fait une étude complète. MARCHAL (de Calvi) et LASÈGUE ont décrit les paralysies diabétiques. Lancereaux a découvert les lésions du pancréas, Bouchard a montré le rôle de la bradytrophie, Lépine a poursuivi sur le ferment glycolytique des recherches bien connues et a indiqué l'existence d'un diabète rénal. L'œuvre considérable de Lépine est résumé dans son traité du diabète.

On peut voir, dans le *traité du sang* de Gilbert et WEINBERG, la part qui revient aux travaux français, parmi lesquels nous signalerons ceux de HAYEM sur la morphologie des globules rouges, sur les hématoblastes, les crises hématiques et les anémies ; ceux de VAQUEZ sur l'hyperglobulie ; ceux de WEIL qui s'est attaché à l'étude de l'hémophilie et a montré qu'on peut en combattre et en arrêter les manifestations par les injections de sérum sanguin.

La détermination exacte des différentes variétés de leucocytes qu'on peut déceler dans le sang ou dans les exsudats fournit de précieux renseignements sur la nature des processus morbides. Widal a montré l'importance de ces faits et a créé ainsi une méthode qu'il a désignée sous le nom de cyto-diagnostic. Weil a montré que la variole provoque une myélocytose intense, de sorte que l'examen du sang permet, dans certain cas, de trancher un diagnostic difficile.

A l'étude du sang se rattache l'histoire des *organes hématopoiétiques*. Roger, JOSUÉ, DOMINICI, HAUSHALTER et SPILLMANN ont étudié les modifications de la moelle des os dans les états infectieux ou toxiques. BEZANÇON et LABBÉ ont décrit les modifications des ganglions, Roger et GHIKA celles du thymus.

Mentionnons encore la lymphadénie aleucémique ou adénie décrite pour la première fois par BONFILS et une forme spéciale de splénomégalie individualisée par GAUCHER.

Marie a fait connaître une maladie nouvelle, l'acromégalie, qui est liée à une altération de l'hypophyse. BRISSAUD et MÈGE en rapprochent le gigantisme dont ils ont fait une excellente description. GARNIER a étudié les lésions de la thyroïde dans les infections et les intoxications et a décrit la sclérose thyroïdienne des tuberculeux.

L'origine thyroïdienne du goitre exophtalmique a été démontrée par Mobius, mais avec une bonne foi parfaite le célèbre neurologiste allemand a rendu justice à son précurseur, le médecin français GAUTIER (de Charolles).

Les *traités didactiques de pathologie interne* sont fort nombreux. Parmi les anciens il faut signaler le *Compendium de médecine* de DELABERGE, MONNERET et FLEURY qui résume exactement l'état de la science dans la première moitié du XIXe siècle (1836-46). Parmi les modernes il faut faire une place à part à deux traités devenus classiques : celui de BROUARDEL, Gilbert et THOINOT et celui de Charcot, Bouchard et BRISSAUD.

Le *Nouveau traité de médecine* qui doit remplacer ce dernier ouvrage, dont la deuxième édition est actuellement épuisée, sera publié sous la direction de Bouchard, Roger, Widal, TEISSIER et GOUGET. Sans les événements actuels les premiers volumes auraient paru en novembre 1914.

A côté des traités de pathologie, il convient de placer les *leçons cliniques*, notamment celles de Trousseau et celles de Dieulafoy; les premières rendent compte de ce qu'était l'enseignement clinique il y a une cinquantaine d'années, les secondes font voir ce qu'il est devenu. Nous constatons ainsi qu'il s'est adapté aux méthodes nouvelles, tout en conservant le caractère hautement pratique qui lui a valu une si grande réputation.

L'anatomie pathologique qui complète les études cliniques est exposée dans de nombreux ouvrages français. Un des plus beaux est l'atlas de Cruveilhier, c'est un recueil de magnifiques planches d'une exactitude parfaite; en le feuilletant on passe en revue tout ce que peut apprendre l'anatomie macroscopique. Lancereaux a publié plusieurs volumes d'anatomie pathologique remplis d'observations originales. Le manuel d'histologie pathologique de CORNIL et RANVIER est depuis longtemps classique en France.

V. CHIRURGIE ET SPÉCIALITÉS. — Dans la revue que nous venons de faire, nous avons laissé de côté le rôle de la France dans le développement de la chirurgie et des diverses spécialités. C'est qu'un exposé, même sommaire, des méthodes que les chirurgiens et les spécialistes ont indiquées, des instruments qu'ils ont inventés dépasserait les limites de cette notice et serait forcément incomplet. Sans doute, il serait très intéressant de faire ressortir l'œuvre de LARREY et de DESGENETTES, les chirurgiens de la grande armée; de DUPUYTREN qui s'appuya sur l'anatomie et la physiologie pour formuler les indications opératoires; de LISFRANC, Malgaigne, NÉLATON, VELPEAU, GOSSELIN, VERNEUIL, TERRIER, LUCAS-CHAMPIONNIÈRE qui ont largement contribué aux progrès de la chirurgie et de la technique chirurgicale. Nous pourrions parler encore de CHASSAIGNAC qui inventa le drainage; d'OLLIER, célèbre par ses recherches sur la chirurgie osseuse; de RECLUS qui a réglementé l'anesthésie locale, sans oublier les contemporains, DELBET, DELORME, DOYEN, HARTMANN, LEJARS, MONTPROFIT, TUFFIER....

Les traités didactiques de chirurgie sont fort nombreux. Sans parler des ouvrages anciens de BOYER, Nélaton, FOLLIN et DUPLAY, nous possédons actuellement deux traités complets, l'un publié sous la direction de LE DENTU et Delbet, l'autre sous la direction de Duplay et Reclus.

Le succès qu'a obtenu le *Traité de chirurgie d'urgence* de Lejars a nécessité la publication à courte distance de sept éditions successives.

Les quatre volumes des *Travaux de chirurgie anatomo-cliniques* de Hartmann, ouvrage d'une puissante empreinte personnelle, traduisent la préoccupation constante d'élever la chirurgie sur des bases scientifiques.

Parmi les branches spéciales de la chirurgie, nous ne mentionnerons que les voies urinaires et la gynécologie.

Sans remonter à frère Come, il faut citer CIVIALE qui créa la lithotritie (1824) et DÉSORMEAUX qui inventa l'endoscope. Depuis longtemps, le service des voies urinaires à l'hôpital Necker, transformé en une chaire de clinique, a été dirigé par des spécialistes éminents, dont l'enseignement a toujours attiré un grand nombre de savants étrangers. Le premier titulaire de la chaire, Guyon, est universellement connu et a formé des élèves tels que Bazy, Albarran, Legueu le titulaire actuel de la chaire.

Nos connaissances en gynécologie sont exposées dans deux importants ouvrages, l'un est dû à Faure et Siredey, l'autre est l'œuvre de Pozzi et Jayle.

L'*obstétrique* compte des représentants illustres. Ce furent à la fin du XVIIe siècle Mauriceau, au XVIIIe, Levret, qui inventa le forceps (1747), puis Baudelocque, Dubois, Depaul, Tarnier, Pinard, Budin, Bar, Couvelaire. Parmi les ouvrages d'obstétrique, celui de Ribemont-Dessaigne et Lepage est depuis longtemps classique, celui de Bar est rempli de faits nouveaux et personnels.

Les ouvrages relatifs à la *pædiatrie* médicale sont fort nombreux, depuis le traité justement célèbre de Rilliet et Barthez, jusqu'au traité de Grancher et Comby, et au traité publié par Hutinel, qui est tout récent.

Les affections de la première enfance et la puériculture sont largement redevables aux recherches de Parrot qui a résumé ses observations personnelles dans son livre sur l'athrepsie, de Budin, de Marfan qui a fait paraître un excellent traité sur l'allaitement.

Parmi les chirurgiens qui se sont attachés aux affections de l'enfance, il faut citer Lannelongue, bien connu par ses recherches sur l'ostéomyélite, Kirmisson qui s'est spécialisé dans l'orthopédie, Broca qui vient de publier un important traité de chirurgie infantile.

Diverses *spécialités* ont pris, en France un grand développement et ont donné lieu à de nombreuses publications parmi lesquelles nous citerons trois ouvrages didactiques : le *Traité d'oto-rhino-laryngologie* de Lermoyez et Moure, le *Traité de pathologie mentale* de Gilbert Ballet, la *Pratique dermatologique* de Besnier, Brocq, Jacquet, qui met en évidence les acquisitions accumulées depuis les recherches fondamentales de Bazin. Enfin, Pouchet a écrit sur la pharmacologie médicale une série d'ouvrages parmi lesquels un Précis de pharmacologie devenu classique.

Nous ne pouvons terminer ces renseignements bibliographiques, sans signaler les grandes encyclopédies médicales qui ont été publiées en France. C'est d'abord le Dictionnaire en 30 volumes (1832–1846), puis le *Dictionnaire pratique de médecine et de chirurgie* (1864-1886) qui fut dirigé par JACCOUD et comprend 40 volumes. Enfin, de 1864 à 1900 parurent les 100 volumes du *Dictionnaire encyclopédique des sciences médicales*, vaste recueil dont la publication commencée par DECHAMBRE fut achevée par LEREBOULLET. C'est une véritable bibliothèque où sont traitées toutes les questions relatives à la médecine avec de nombreux articles sur les diverses sciences biologiques, et des biographies excellentes.

VI. MICROBIOLOGIE MÉDICALE. — Un nom domine et jusqu'à un certain point personnifie toute l'histoire de la bactériologie; c'est celui de PASTEUR. Sans doute, de nombreux précurseurs avaient préparé la grande révolution scientifique dont Pasteur fut l'artisan. Dès le début du XVIIe siècle, Leuwenhoeck avait vu et figuré des microbes. Au XVIIIe siècle, SPALLANZANI avait établi, par des expériences admirables, que la génération spontanée n'existait pas. Mais ses travaux, bien que Voltaire en eût souligné l'importance, ne fixèrent pas l'attention des savants. En 1837, un physicien français, CAGNARD de LATOUR, montra que dans la fermentation alcoolique du sucre la levure se développe, qu'elle augmente de quantité, qu'elle se comporte comme un végétal. Cette découverte fut étouffée par l'école de Liebig dont elle renversait la théorie sur les ferments.

C'est alors que Pasteur, abordant l'étude du problème, démontra par des expériences d'une précision parfaite, que dans les conditions actuelles il n'y a pas de génération spontanée, que les fermentations et les putréfactions sont dues à l'apport des germes venant de l'extérieur. C'est ainsi qu'il décrivit le ferment lactique (1857) et le ferment butyrique (1861); ce dernier ne pouvant végéter qu'à l'abri de l'oxygène, Pasteur venait de découvrir une nouvelle classe d'êtres vivants : les anaérobies.

Après avoir publié d'admirables recherches sur les altérations du vin et de la bière et sur les maladies des vers à soie, Pasteur tourna son attention sur les maladies des animaux supérieurs et s'attacha tout d'abord à l'étude du charbon.

L'agent pathogène du *charbon* était déjà connu. Deux savants français RAYER et DAVAINE l'avaient découvert, en 1850, dans le sang d'un mouton qui avait succombé à l'infection. C'est la première fois qu'on voyait un microbe pathogène. Sa nature végétale fut démontrée par un professeur de l'École vétérinaire d'Alfort, DELAFOND qui en mettant du sang charbonneux dans des verres de montre, vit les batonnets s'allonger en forme de filaments.

Appliquant à l'étude du bacille charbonneux la méthode des cultures artificielles dont il est l'inventeur, Pasteur put isoler à l'état de pureté l'agent pathogène, suivre son développement, déterminer son action sur les animaux, établir en un mot que la bactéridie de Davaine produit le charbon comme l'acare produit la gale.

Deux nouvelles découvertes allaient bientôt se réaliser. En faisant des inoculations en série, Davaine découvrit l'exaltation des virus; en pratiquant des cultures dans des conditions dysgénésiques, Pasteur découvrit leur atténuation. Puis, à la suite des travaux trop peu connus de TOUSSAINT, professeur à l'École vétérinaire de Toulouse, Pasteur démontrait qu'on peut préparer des vaccins charbonneux. Il établit leur innocuité et leur efficacité. Grâce à cette découverte, les maladies charbonneuses ont rapidement diminué et tendent à disparaître.

La virulence n'est pas la seule propriété des microbes sur laquelle l'expérimentateur puisse agir. De nombreux travaux publiés en France ont établi qu'en variant les conditions dans lesquelles végètent les microbes, on peut supprimer leurs fonctions sporogènes (ROUX), leurs fonctions chromogènes (CHARRIN et ROGER), modifier leurs formes (Charrin et GUIGNARD). Les expérimentateurs français se

JEAN-MARIE CHARCOT (1825-1893)

sont encore occupés de préciser les conditions qui favorisent l'action pathogène des microbes et ont mis en évidence le rôle du traumatisme (CHAUVEAU), du surmenage (Charrin et Roger), du refroidissement (BOUCHARD), des associations microbiennes (Roger, VAILLARD, VINCENT, ROUGET).

La France a contribué à la découverte d'un grand nombre de bactéries. Parmi les plus importantes, nous citerons : le *pneumocoque*, trouvé dans la salive par Pasteur, dans les crachats des pneumoniques par TALAMON ; le *bacille de la peste*, découvert par YERSIN ; le *bacille pyocyanique* (GESSARD) qui possède une action pathogène mise en évidence par les travaux de Charrin et qui produit une matière bleue cristallisable, la pyocyanine, isolée du pus bleu par FORDOS. Signalons encore le bacille de la *tuberculose pisciaire* (DUTARD, BATAILLON, TERRE), le bacille de la *psittacose* (NOCARD), les *bacilles paratyphiques*, dont l'étude a commencé avec les travaux d'ACHARD, le bacille de la *gangrène gazeuse* (Pasteur), le bacille du *charbon symptomatique* (ARLOING, CORNEVIN et THOMAS), de nombreux *microbes anaérobies* dont VEILLON et ses collaborateurs ont montré le rôle dans le développement de la gangrène.

A côté des bactéries, on peut placer les *champignons pathogènes*. Dans le groupe important des *Streptothrix* ou *Discomyces*, rattachés par SAUVAGEAU et RADAIS au genre *Oospora*, nous citerons d'abord l'agent qui produit le farcin du bœuf, (*O. farcinica*), dont la découverte est due à NOCARD, découverte importante qui a conduit les mycologues italiens à donner à tout le genre le nom de *Nocardia*. Des champignons rentrant dans ce groupe ou dans des groupes voisins produisent les différentes formes de mycétomes comme l'ont démontré les recherches de Vincent, BOUFFARD, NICOLLE, PINOY, BRUMPT. Signalons encore une espèce très répandue, *Oospora pulmonalis* (Roger, SARTORY, BORY) qui joue un rôle important dans la pathologie de l'appareil respiratoire.

Diverses levures pathogènes ont été décrites en France par TROISIER et ACHALME, CURTIS, VUILLEMIN et LEGRAIN,

BLANCHARD, SCHWARTZ et BINET. SABOURAUD a poursuivi sur les teignes d'importants travaux qui sont devenus classiques. Enfin, à côté de *Sporotrichum Schenki*, il faut faire une large place à *Sporotrichum Beurmanni*, découvert et étudié par DE BEURMANN, MATRUCHOT, RAMOND, GOUGEROT.

Parmi les *parasites animaux* décelés par des savants français, il faut citer les trichomonas (DONNÉ, 1837) et les microfilaires trouvées par DEMARQUAY dans le liquide d'une hydrocèle chyleuse.

Mais la découverte fondamentale qui a eu un retentissement mondial et a ouvert une voie nouvelle à l'étude des infections, est sans contredit celle de l'hématozoaire du paludisme par LAVERAN en 1880. On sait que le prix Nobel est venu consacrer les travaux de Laveran dont on trouvera l'exposé dans son *Traité du paludisme*.

Depuis cette époque, Laveran, MESNIL, BRUMPT, NICOLLE, les frères SERGENT, SCHNEIDER et BOUFFARD, BOSC ont poursuivi sur les parasites animaux des recherches intéressantes et bien connues.

Les *virus filtrants* ont été étudiés par NOCARD et ROUX qui ont décrit l'agent de la péripneumonie bovine, virus filtrant un peu spécial, cultivable sur les milieux artificiels. Remlinger et Riffas bey ont reconnu que le virus rabique traverse le filtre de porcelaine. BONNET a donné une démonstration analogue pour la clavelée et CARRÉ pour la maladie des chiens.

Il est établi actuellement que les agents animés n'agissent que par les substances solubles qu'ils renferment ou qu'ils excrètent. Le rôle des *poisons microbiens* a été définitivement établi par les recherches de Chauveau, Bouchard, CHARRIN; par celles de Roux et Yersin qui ont fait connaître les véritables caractères et les propriétés de la toxine diphtérique. Les savants français ont largement contribué à l'étude de quelques autres toxines; de celles produites par le bacille tétanique (Vaillard et Vincent), le vibrion cholérique (Metchnikoff, ROUX, SALIMBENI), le bacille charbonneux (MARMIER), les staphylocoques (COURMONT), le pneumocoque (CARNOT et FOURNIER). Les toxines adhérentes ont fait l'objet d'intéressantes recherches poursuivies par AUCLAIR avec le bacille tuberculeux. BOIDIN a étudié la *toxine* adhérente ou exotoxine du bacille charbonneux; RIST et MÉNARD ont déterminé l'action de l'exotoxine diphtérique. Enfin BESREDKA a publié d'importantes recherches sur les endotoxines.

D'autres travaux ont fait connaître les poisons élaborés par les champignons pathogènes ou les parasites animaux. LAVERAN et MESNIL ont étudié les toxines produites par les sarcosporidies du mouton. Laveran et PETIT, celles que sécrète le trypanosome du rat.

Deux grands processus collaborent à la protection de l'organisme contre les infections. C'est la *phagocytose* que METCHNIKOFF a découverte et dont il a poursuivi l'étude dans une série de travaux admirables. Ce sont les modifications du plasma sanguin dont l'étude, commencée en Allemagne, a été reprise en France par Bouchard et ses élèves. Au cours de ces recherches, deux faits nouveaux ont été mis en évidence : le sérum des animaux immunisés a la propriété d'atténuer la virulence des microbes; il acquiert le pouvoir de les agglutiner.

L'*agglutinement des bactéries*, découvert par Charrin et Roger en 1889, sert de base à la méthode du *séro-diagnostic* dont Widal a doté la science et dont il a fait l'application à la fièvre typhoïde. Quelques années plus tard, Roger établissait qu'on peut vacciner les animaux contre le champignon du muguet (*Endomyces albicans*), et montrait que le sérum acquiert la propriété d'agglutiner cette mycolevure. Widal confirma le fait et ajouta qu'il y a au cours des mycoses, co-agglutinement de plusieurs champignons et, s'appuyant sur ces résultats expérimentaux, il établit le séro-diagnostic de la sporotrichose.

Nous avons déjà rappelé, en parlant du charbon, les découvertes de Pasteur sur l'atténuation des virus et la *vaccination*. C'est encore Pasteur qui, à la suite de quelques tentatives de GALTIER, incomplètes mais intéressantes, trouva le moyen de vacciner contre la rage après que le virus a été déposé dans la plaie. Enfin, en ces derniers temps, des recherches importantes ont été poursuivies sur la vaccination antityphique par Chantemesse et par Vincent.

Si la découverte de la sérothérapie appartient à l'Allemagne, les travaux français ont largement contribué à faire progresser cette branche nouvelle de la thérapeutique. Il suffit de citer les recherches de Roux et MARTIN, Vaillard, DOPTER et de rappeler le rôle de Calmette dans la préparation du sérum antivenimeux.

On peut se faire une idée d'ensemble de nos connaissances actuelles sur les maladies infectieuses et leurs agents pathogènes à l'aide des trois ouvrages suivants : *Traité pratique de bactériologie* de MACÉ; *Traité des maladies épidémiques* de KELSCH, exposé remarquable de toutes les questions ressortissant à l'épidémiologie et à l'hygiène; *les Maladies infectieuses*, de Roger, dont une édition en langue anglaise a été publiée en Amérique; tout en faisant une étude générale de bactériologie et de pathologie infectieuse, l'auteur a résumé dans ce livre ses recherches personnelles.

VI. CENTRES D'ÉTUDES ET DE RECHERCHES MÉDICALES. — Il existe en France un grand nombre d'établissements dont les laboratoires sont organisés pour les recherches médicales. Les facultés de médecine sont au nombre de 9 (8 facultés d'État et 1 faculté libre) auxquelles il convient d'ajouter les écoles donnant un enseignement élémentaire. Dans les hôpitaux des grandes villes, à côté des cliniques officielles dépendant des facultés, fonctionnent des cliniques libres dont les titulaires font un enseignement fort utile et fort apprécié.

Les facultés des sciences, en dehors des cours préparatoires de physique, de chimie et d'histoire naturelle, que les étudiants doivent suivre pendant un an avant de pouvoir commencer les études médicales, possèdent des chaires et des laboratoires de physiologie, d'histologie, d'anatomie comparée, de chimie biologique,

Le Collège de France de Paris, compte trois chaires de physiologie ou de médecine, illustrées par Corvisart, Laënnec, Magendie, Flourens, Claude Bernard, Marey,

Brown-Séquard, Charrin, dont les titulaires actuels sont D'ARSONVAL, François Franck et GLEY. Une chaire d'histologie créée pour RANVIER est occupée par NAGEOTTE. Enfin, on a fondé récemment un enseignement d'hydrologie et un cours de médecine coloniale.

Aux environs de Paris, dans le Parc-aux-Princes, est installé l'Institut Marey.

L'Institut Pasteur a organisé un enseignement complet de la bactériologie. Ses laboratoires merveilleusement installés attirent un grand nombre de savants étrangers. Il nous suffira de rappeler que Haffkine y a poursuivi ses études sur le vaccin anticholérique, que Bordet y a réalisé plusieurs découvertes qui devaient illustrer son nom ; que Levaditi y a fait d'importants travaux sur la syphilis et la scarlatine. Quelques savants étrangers semblent s'y être fixés d'une façon définitive. Sans parler de Metchnikoff, sous-directeur de l'Institut, on peut citer Weinberg bien connu par l'application qu'il a faite de la méthode de Bordet-Gengou au diagnostic des kystes hydatiques et Besredka qui a publié d'intéressantes expériences sur l'anaphylaxie et sur les virus sensibilisés. On peut poursuivre à l'Institut Pasteur des recherches de bactériologie et de parasitologie, de chimie biologique, de physiologie et de médecine expérimentale. Un hôpital bien aménagé permet de mener de front les études cliniques et scientifiques. Enfin, on organise actuellement un Institut pour l'étude du radium et des diverses radiations, qui relèvera pour la partie physique de la Faculté des sciences et pour la partie biologique de l'Institut Pasteur.

VII. SOCIÉTÉS SAVANTES ET PUBLICATIONS MÉDICALES. — Les sociétés médicales sont extrêmement nombreuses. Parmi les principales, il faut mentionner : l'ACADÉMIE DE MÉDECINE de Paris ; la SOCIÉTÉ MÉDICALE DES HOPITAUX ; la SOCIÉTÉ DE CHIRURGIE ; la SOCIÉTÉ DE BIOLOGIE, particulièrement active, qui compte trois sociétés filiales en France à Bordeaux, Marseille, Nancy et deux filiales à l'étranger, l'une à Bucarest, l'autre à Pétrograd.

Il suffit de parcourir les volumes annuels de ces quatre grandes sociétés pour voir combien sont nombreux les travaux qui y sont présentés, combien intéressantes les discussions qu'ils suscitent.

Il y a dans toutes les grandes villes de province des sociétés médicales, et à Paris, des sociétés pour les diverses spécialités.

Tous les ans ont lieu des Congrès médicaux français qui attirent toujours un grand nombre d'étrangers. En octobre 1912 a été organisé à Paris le premier Congrès international de pathologie comparée, qui a groupé médecins, physiologistes, vétérinaires, phytopathologistes et a obtenu un très vif succès. Tous les pays, sauf l'Allemagne, y furent représentés.

Il y a en France 159 journaux, revues ou recueils de médecine qu'on peut décomposer de la façon suivante : 54 sont consacrés à la médecine générale, 40 à Paris, 14 en province ; 10 publient des travaux d'anatomie, d'histologie, de physiologie, de pathologie expérimentale, de bactériologie et de parasitologie ; 95 sont réservés aux diverses spécialités ; on peut ajouter 12 publications pour les sciences auxiliaires : chimie, physique, pharmacie.

Parmi les nombreuses publications hebdomadaires ou bi-hebdomadaires, une des principales est *La Presse médicale,* qui est dirigée par BONNAIRE, FAURE, JAYLE, LANDOUZY, DE LAPERSONNE, LERMOYEZ, LETULLE et ROGER, et paraît deux fois par semaine.

Ne pouvant citer toutes les revues d'un caractère scientifique, nous mentionnerons seulement les *Annales de l'Institut Pasteur,* les *Archives de médecine expérimentale,* le *Journal de physiologie et de pathologie générale,* qui publient des articles originaux et renfermant de magnifiques planches facilitant la lecture du texte.

❀ ❀ ❀

L'exposé rapide et succinct que nous venons de faire ne donne qu'une faible idée de la part qui revient à la France dans le progrès des sciences médicales. Nous nous sommes contentés d'indiquer les grandes lignes de l'évolution scientifique, signalant seulement les découvertes qui ont ouvert des horizons nouveaux, ou qui ont dirigé les recherches dans une route peu explorée. Les quelques exemples que nous avons choisis suffiront à montrer que, sur bien des points, les savants français ont été des initiateurs. Sans méconnaître ni rabaisser la science allemande, sans vouloir laisser dans l'ombre les grandes découvertes qu'elle a réalisées dans ces dernières années, sans lui marchander la gloire qui lui revient, nous croyons que la France a contribué, comme autrefois, au mouvement scientifique. Elle a continué à travailler, avec ses qualités et ses défauts. Moins bien disciplinée que l'Allemagne, elle a peut-être plus d'originalité; si elle pousse moins loin les investigations, elle a entrevu peut-être un plus grand nombre de faits nouveaux. Mais nous ne voulons pas établir de comparaison. Nous apportons seulement quelques documents qui permettront de juger l'œuvre médical de la France.

HENRI ROGER.

BIBLIOGRAPHIE

I. — ANATOMIE ET HISTOLOGIE

X. BICHAT. — **Anatomie générale appliquée à la Physiologie et à la Médecine*, 2 vol. in-8°. Paris, Steinheil, 1900-1901.

L. TESTUT. — **Traité d'Anatomie humaine*, 4 vol. in-8°. Paris, Doin, 1899-1900.

TESTUT et JACOB. — **Traité d'anatomie topographique avec applications médico-chirurgicales*, 2 vol. in-8°. Paris, Doin, 1905.

L. RANVIER. — **Traité technique d'histologie*, 2e éd. in-8°. Paris, Savy, 1889.

PRENANT, BOUIN et MAILLARD. — **Traité d'histologie*, 2 vol. in-8°. Paris, Masson, 1904-1911.

II. — PHYSIOLOGIE, PHYSIQUE, CHIMIE

LONGET. — **Traité de Physiologie*, 3 vol. Paris, Alcan.

C. RICHET. — **Dictionnaire de Physiologie*, 9 vol. gr. in-8°. Paris, Alcan, 1909-1913.

MAREY. — **Travaux de l'Association de l'Institut Marey*, 2 vol. in-8°. Paris, Masson, 1905-1910.

P. BERT. — **La Pression barométrique, recherches de physiologie expérimentale*, in-8°. Paris, Masson, 1878.

D'ARSONVAL. — **Traité de Physique biologique*, 2 vol. in-8°. Paris, Masson, 1901-1903.

C. BOUCHARD. — **Traité de Radiologie médicale*, gr. in-8°. Paris, Steinheil, 1904.

III. — PATHOLOGIE

BOUCHARD et ROGER. — **Nouveau traité de Pathologie générale*, 2 vol. in-8°. Paris, Masson, 1912-1914.

CHARCOT, BOUCHARD et BRISSAUD. — **Traité de Médecine*, 10 vol. gr. in-8°, 2e éd. Paris, Masson, 1899-1905.

V. HUTINEL. — **Les Maladies des enfants*, 5 vol. in-8°. Paris, Asselin et Houzeau, 1909.

DUPLAY et RECLUS. — **Traité de Chirurgie*, 8 vol. gr. in-8°. Paris, Masson, 1897-1899.

BAR, BRINDEAU et CHAMBRELENT. — **La Pratique de l'art des accouchements*, 3e éd., 2 vol. gr. in-8°, Paris, Asselin et Houzeau, 1914.

FARABEUF et VARNIER. — **Introduction à l'étude clinique et à la pratique des accouchements*, gr. in-8°. Paris, Steinheil, 1909.

J. GRASSET. — **Traité élémentaire de Physiopathologie clinique*, 3 vol. in-8°. Montpellier, Coulet, 1911-1915.

F. LEJARS. — **Traité de Chirurgie d'urgence*, 7e éd., in-8°. Paris, Masson, 1913.

LAËNNEC. — **Traité de l'auscultation immédiate et des maladies des poumons et du cœur*, in-8°. Paris, Asselin, 1879.

CORNIL et RANVIER. — **Manuel d'histologie pathologique*, 4 vol. in-8°, 3e éd. Paris, Alcan, 1901-1912.

TROUSSEAU. — **Clinique médicale de l'Hôtel-Dieu*, 3 vol. in-8°. Paris, Baillière, 1861-1865.

G. DIEULAFOY. — **Clinique médicale de l'Hôtel-Dieu*, 4 vol. in-8°. Paris, Masson, 1899-1910.

IV. — BACTÉRIOLOGIE ET INFECTIONS

A. LAVERAN. — **Traité du paludisme*, in-8°, 2e éd. Paris, Masson, 1907.

A. KELSCH. — **Traité des maladies épidémiques*, 3 vol. in-8°. Paris, Doin, 1894-1910.

G.-H. ROGER. — **Les Maladies infectieuses*, 2 vol. in-8°. Paris, Masson, 1902.

MACÉ. — **Traité pratique de Bactériologie*, 2 vol. in-12. Paris, Baillière, 1888-1900.

INSTITUT PASTEUR. — **Planches murales de Bactériologie*, 65 pl. Paris, Masson.

V. — PATHOLOGIE SPÉCIALE, HYGIÈNE, MATIÈRE MÉDICALE

S. POZZI. — **Traité de Gynécologie clinique et opératoire*, 4e éd., 2 vol. in-8°. Paris, Masson, 1906-1907.

J. DÉJERINE. — **Sémiologie des affections du système nerveux*, in-8°. Paris, Masson, 1914.

G. BALLET. — **Traité de Pathologie mentale*, in-8°. Paris, Doin, 1903.

BESNIER, BROCQ et JACQUET. — **La Pratique dermatologique*, 4 vol. in-8°. Paris, Masson, 1900-1907.

GILBERT et WEINBERG. — *Traité du sang*, 2 vol. Paris, Baillière.

H. HARTMANN. — **Travaux de chirurgie anatomo-clinique*, 4 vol. gr. in-8°. Paris, Steinheil, 1903-1913.

G. POUCHET. — **Précis de Pharmacologie et de matière médicale*, in-8°. Paris, Doin, 1907.

A. CALMETTE. — **Les Venins, les animaux venimeux et la sérothérapie antivenimeuse*, in-8°. Paris, Masson, 1907.

POTAIN. — *Clinique de la Charité*, in-8°. Paris, Masson, 1894.

R. LÉPINE. — **Le Diabète sucré*, in-8°. Paris, Alcan, 1909.

HAYEM et LION. — **Maladies de l'estomac*, in-8°. Paris, Baillière, 1912.

VI. — PUBLICATIONS PÉRIODIQUES

**Annales de Dermatologie et de Syphiligraphie*, paraissent depuis 1869, in-8°. Paris, Masson.

**Annales de l'Institut Pasteur*, paraissent depuis 1887, in-8°. Paris, Masson.

**Annales des maladies de l'oreille, du larynx, du nez et du pharynx*, paraissent depuis 1875, in-8°. Paris, Masson.

Annales médico-psychologiques, paraissent depuis 1843, in-8°. Masson.

**Archives d'anatomie microscopique*, paraissent depuis 1897, in-8°. Paris, Masson.

**Archives de médecine des enfants*, paraissent depuis 1898, in-8°. Paris, Masson.

**Archives de médecine expérimentale et d'anatomie pathologique*, paraissent depuis 1889, in-8°. Paris, Masson.

**Archives d'ophtalmologie*, paraissent depuis 1881, in-8°. Paris, Steinheil.

**Bulletin de l'Académie de médecine*. Nouvelle série, paraît depuis 1872, in-8°. Paris, Masson.

**Bulletin et Mémoires de la Société de Biologie*, paraissent depuis 1884, in-8°. Paris, Masson.

**Bulletin et Mémoires de la Société de Chirurgie*, in-8°. Paris, Masson.

**Bulletin et Mémoires de la Société médicale des hôpitaux*, paraissent depuis 1875, in-8°. Paris, Masson.

**Nouvelle Iconographie de la Salpêtrière*, paraît depuis 1888, in-8°. Paris, Masson.

**Journal de Chirurgie*, paraît depuis 1888, in-8°. Paris, Masson.

**Journal de Physiologie et de Pathologie générale*, paraît depuis 1899, in-8°. Paris, Masson.

**Journal de Radiologie et d'Électrologie*, paraît depuis 1914, in-8°. Paris, Masson.

**Journal d'Urologie médicale et chirurgicale*, paraît depuis 1912, in-8°. Paris, Masson.

**La Presse Médicale*, paraît depuis 1894, in-4°. Paris, Masson.

**Revue de Chirurgie*, parait depuis 1877, in-8°. Paris, Alcan.

**Revue de Gynécologie*, paraît depuis 1897, in-8°. Paris, Masson.

**Revue d'Hygiène et de Police sanitaire*, paraît depuis 1879, in-8°. Paris, Masson.

**Revue de Médecine*, paraît depuis 1877, in-8°. Paris, Alcan.

**Revue neurologique*, paraît depuis 1893, in-8°. Paris, Masson.

**Revue d'Orthopédie*, paraît depuis 1890, in-8°. Paris, Masson.

**Revue de la tuberculose*, paraît depuis 1893, in-8°. Paris, Masson.

Les ouvrages marqués d'un astérisque sont ceux qui figurent, en totalité ou en partie, dans la Bibliothèque de la Science française, à l'Exposition de San Francisco.

Paris. — Imp. LAROUSSE, 17, rue Montparnasse.

LIBRAIRIE LAROUSSE

EXTRAIT DU CATALOGUE — *13-17, rue Montparnasse, PARIS.*

Dictionnaires Larousse

Les *Dictionnaires Larousse*, aujourd'hui célèbres dans le monde entier, sont universellement reconnus comme les meilleurs de tous les dictionnaires. Remarquablement documentés, constamment tenus à jour, clairs et commodes à consulter, ce sont des ouvrages indispensables entre tous et c'est dans toutes les circonstances de la vie, au point de vue pratique comme au point de vue intellectuel, qu'on en tirera le plus grand profit. Il existe des éditions de tous prix : chacun peut ainsi, si petite que soit sa bourse, posséder un de ces incomparables dictionnaires et bénéficier des services considérables qu'on en peut attendre.

LAROUSSE ÉLÉMENTAIRE ILLUSTRÉ. Édition refondue et augmentée sous la direction de Claude et Paul Augé. Un vol. de 1 275 pages (format 10,5 × 16,5), 2 500 grav., 37 tableaux encyclopédiques dont 2 en couleurs, 24 cartes, 600 portraits. Cartonné, 2 fr. 60; relié toile, titre or. 3 francs

LAROUSSE CLASSIQUE ILLUSTRÉ, par Claude Augé. Dictionnaire manuel à l'usage des écoles, plus complet qu'aucun autre dictionnaire de même prix. Beau volume de 1 100 pages (format 13,5 × 20), 4 150 gravures, 70 tableaux encyclopédiques dont 2 en couleurs et 114 cartes dont 7 en couleurs. Cartonné . . . . 3 fr. 30

Relié toile (reliure originale de Grasset). . . . . . 3 fr. 75

(0 fr. 75 en sus pour frais d'envoi à l'étranger.)

PETIT LAROUSSE ILLUSTRÉ. Le plus complet et le plus intéressant de tous les dictionnaires manuels. Beau volume de 1 664 pages (format 13,5 × 20), 5 800 gravures, 130 tableaux encyclopédiques dont 4 en couleurs, et 120 cartes dont 7 en couleurs. Relié toile (reliure originale de GRASSET), en trois tons . . . . 5 francs

En reliure souple pleine peau . . . . 7 fr. 50

(1 fr. en sus pour frais d'envoi dans les localités non desservies par le chemin de fer et à l'étranger.)

LAROUSSE DE POCHE, par Claude et Paul AUGÉ. Le seul dictionnaire de poche vraiment pratique et complet, contenant plus de 85 000 mots avec leur définition, plus un traité de grammaire et de littérature française. Joli volume de 1 292 pages sur papier extra-mince (*bible paper*), format 10,5 × 16,5, épaisseur 2 centimètres, poids 315 grammes. Relié toile . . . . 6 francs

Elégamment relié peau souple, dans un étui . . . . . . 7 fr. 50

LE LAROUSSE POUR TOUS, dictionnaire encyclopédique en *deux volumes*, publié sous la direction de Claude AUGÉ. Une encyclopédie complète à la portée de tous : tous les mots de la langue, toutes les connaissances humaines, sous la forme la plus pratique et la moins coûteuse. 1 950 pages (format 21 × 30,5), 17 325 gravures, 216 cartes en noir et en couleurs, 35 planches en couleurs. Broché. . . . . 35 francs

Relié demi-chagrin (reliure originale de G. AURIOL). 45 francs

(Facilités de payement — Prospectus spécimen sur demande.)

NOUVEAU LAROUSSE ILLUSTRÉ en *huit volumes*, publié sous la direction de Claude AUGÉ. Le plus récent, le plus remarquablement documenté et le plus magnifiquement illustré des grands dictionnaires encyclopédiques, rédigé par plus de 400 collaborateurs d'élite : le plus grand succès de la librairie française. 7 600 pages (format 32 × 26), 237 000 articles, 49 000 gravures, 504 cartes en noir et en couleurs, 89 planches en couleurs. Broché. . . . . 230 francs

Relié demi-chagrin (reliure originale de GRASSET). 275 francs

Casier-Bibliothèque, en noyer ciré ou acajou ciré. . 30 francs

(Facilités de payement — Prospectus spécimen sur demande.)

GRAND DICTIONNAIRE LAROUSSE en *dix-sept volumes*. Le plus vaste répertoire encyclopédique du monde entier. 24 500 pages (format 32 × 26), 2 864 gravures. Broché, 650 fr. ; — Relié demi-chagrin. . . . . 750 francs

(Facilités de payement — Prospectus spécimen sur demande.)

13-17, Rue Montparnasse, Paris
et chez tous les libraires

Bibliothèque Larousse

encyclopédique et illustrée

La *Bibliothèque Larousse*, collection véritablement encyclopédique. embrasse, pour les mettre à la portée de tous, les connaissances les plus diverses. Elle comprend un certain nombre de sections (*Littérature — Beaux-arts — Sciences — Histoire et Géographie — Médecine et Hygiène — Vie sociale et droit usuel — Agriculture — Connaissances pratiques — Sports*) qui renferment dans leur cadre les notions essentielles qu'il fallait rechercher auparavant dans des collections multiples, ou dans des ouvrages spéciaux, coûteux et difficiles à lire. Les volumes de la *Bibliothèque Larousse* sont abondamment illustrés pour la plupart, de présentation soignée et d'un prix très modique.

Les ouvrages de cette collection sont envoyés franco contre mandat-poste (pour l'étranger, ajouter 20 centimes par volume)

LITTÉRATURE

La section *Littérature* se compose, en premier lieu, d'une belle édition des *chefs-d'œuvre de la littérature* classique et moderne; 2° d'*anthologies* des écrivains d'une époque ou d'un pays; 3° de volumes d'*histoire de la littérature* des différents pays; 4° de *monographies* des grands écrivains.

I — Les chefs-d'œuvre de la littérature

Ces ouvrages sont présentés avec le plus grand soin et illustrés de nombreuses gravures hors texte extraites des éditions anciennes les plus recherchées ou empruntées aux richesses de notre Bibliothèque Nationale et de nos grands musées. Chaque œuvre est précédée de substantielles notices écrites par un professeur agrégé ou un spécialiste autorisé, qui contrôle et annote le texte de tout l'ouvrage.

Une couverture sobre et élégante, la qualité du papier, de la typographie et de l'impression, le nombre et la beauté des illustrations, l'ornementation générale du livre, rendent cette collection digne de toutes les bibliothèques.

RABELAIS : GARGANTUA ET PANTAGRUEL. Avec biographie et notes, par H. CLOUZOT. *Trois vol.* illustrés de 12 grav. hors texte. Chaque vol., sous couverture rempliée . . 1 fr. 50
Relié toile ivoirine, titre bleu et or, tête bleue. . . . . 2 fr. 50
En *un seul volume*, reliure demi-peau, tête dorée. . . 6 francs

CORNEILLE : THÉATRE CHOISI ILLUSTRÉ. Avec biographie et notes, par Henri CLOUARD. *Trois vol.* illustrés de 24 gravures dont 13 hors texte d'après Gravelot (édition de 1764). Chaque volume, broché, 1 fr. ; relié toile souple. . . . 1 fr. 30
En *un seul volume*, reliure demi-peau, tête dorée . . . 6 francs

RACINE : THÉATRE COMPLET ILLUSTRÉ. Avec biographie et notes, par Henri CLOUARD. *Trois vol.* illustrés de 32 gravures dont 12 hors texte d'après J. de Sève (édition de 1767). Chaque volume, broché, 1 fr. ; relié toile souple . . . 1 fr. 30
En *un seul volume*, reliure demi-peau, tête dorée . . . 6 francs

MOLIÈRE : THÉATRE COMPLET ILLUSTRÉ. Avec biographie et notes, par Th. COMTE, agrégé de l'Université. *Sept vol.* illustrés de 63 grav. dont 36 hors texte d'après Boucher (édition de 1734). Chaque vol., broché, 1 fr. ; relié toile souple. 1 fr. 30
En *deux volumes*, reliure demi-peau, tête dorée . . . . 13 francs

LA FONTAINE : FABLES ILLUSTRÉES. Avec biographie et notes, par M. MOREL, agrégé de l'Université. *Deux vol.* illustrés de 24 gravures d'après Oudry (édition de 1755) et 4 hors texte. Chaque vol., br., 1 fr.; relié toile souple . . . . 1 fr. 30
En *un seul volume*, reliure demi-peau, tête dorée . . . 4 fr. 50

BOILEAU : ŒUVRES POÉTIQUES ILLUSTRÉES. Avec biographie et notes, par L. COQUELIN. 8 gravures d'après Cochin (édition de 1747). Broché, 1 fr. ; relié toile souple. . . . . 1 fr. 30
En reliure demi-peau, tête dorée. . . . . 3 francs

LA BRUYÈRE : LES CARACTÈRES. Avec biographie et notes, par René PICHON, agrégé de l'Univ. *Deux vol.* 8 gravures hors texte. Chaque vol., broché, 1 fr. ; relié toile souple. . . 1 fr. 30
En *un seul volume*, reliure demi-peau, tête dorée . . . 4 fr. 50

LA ROCHEFOUCAULD : MAXIMES. Avec biographie et notes, par M. ROUSTAN, agrégé de l'Univ. 4 gravures hors texte, couv. rempliée, 1 fr. 50; relié toile ivoirine . . . 2 fr. 50
En reliure demi-peau, tête dorée. . . . . 3 francs

BOSSUET : ŒUVRES CHOISIES ILLUSTRÉES. Avec biographie et notes, par Henri CLOUARD. *Deux volumes*, 18 gravures. Chaque volume, broché, 1 franc; relié toile souple . . 1 fr. 30
En *un seul volume*, reliure demi-peau, tête dorée . . . 4 fr. 50

Mme DE LA FAYETTE : LA PRINCESSE DE CLÈVES. Avec biographie et notes, par L. COQUELIN. 9 gravures dont 2 hors texte. Broché, 1 franc; relié toile souple. . . . 1 fr. 30
En reliure demi-peau, tête dorée. . . . . 3 francs

Mme DE SÉVIGNÉ : LETTRES CHOISIES ILLUSTRÉES, suivies d'un choix de lettres de femmes célèbres du XVIIe siècle. Avec biographie et notes, par Marguerite CLÉMENT, agrégée de l'Université. — *Deux vol.*, 8 gravures hors texte. — Chaque vol., sous couv. rempliée, 1 fr. 50; relié toile ivoirine . . . . 2 fr. 50
En *un seul volume*, reliure demi-peau, tête dorée . . . 4 fr. 50

REGNARD : THÉATRE CHOISI ILLUSTRÉ. Avec biographie et notes, par Georges ROTH, agrégé de l'Univ. — *Deux vol.*, 8 grav. Chaque vol., couv. rempliée, 1 fr. 50; rel. t. ivoir. 2 fr. 50
En *un seul volume*, reliure demi-peau, tête dorée . . . 4 fr. 50

SAINT-SIMON : MÉMOIRES (extraits suivis). Avec biographie et notes, par Aug. DUPOUY, agrégé de l'Univ. *Quatre vol.*, 17 hors-texte. Chaque vol., br., 1 fr.; relié toile souple. 1 fr. 30
En *un seul volume*, reliure demi-peau, tête dorée. . . 7 francs

ABBÉ PRÉVOST : MANON LESCAUT. Avec biographie et notes, par GAUTHIER-FERRIÈRES. 11 grav. Br. . 1 franc
Rel. toile souple, 1 fr. 30; en reliure d.-peau, tête dorée. 3 francs

J.-J. ROUSSEAU : LES CONFESSIONS (extraits suivis). Avec biographie et notes, par H. LEGRAND, agrégé de l'Univ. 6 gr. d'après Le Barbier (1774). Br., 1 fr.; rel. t. souple 1 fr. 30

J.-J. ROUSSEAU : EMILE (extraits suivis). Avec notices et annotations, par H. LEGRAND. 4 gravures hors texte. Sous couverture rempliée, 1 fr. 50; relié toile ivoirine. . . 2 fr. 50

VOLTAIRE : ROMANS. Avec biographie et notes, par H. LEGRAND. *Deux vol.* 6 gr. Chaque vol., br., 1 fr.; rel. t. s. 1 fr. 30
En *un seul volume*, reliure demi-peau, tête dorée . . . 4 fr. 50

VOLTAIRE : THÉATRE CHOISI ILLUSTRÉ. Avec notes et notices, par H. LEGRAND. 4 grav. hors texte d'après Moreau le Jeune (édition de 1784). Br., 1 fr.; relié toile souple. 1 fr. 30

VOLTAIRE : ŒUVRE POÉTIQUE. Avec notes, par H. LEGRAND. 4 grav., couv. rempliée, 1 fr. 50; rel. toile ivoirine. 2 fr. 50

VOLTAIRE : Histoire de Charles XII. Avec notes et notices, par H. Legrand. 1 grav. hors texte et 1 carte en couleurs, couv. rempliée, 1 fr. 50; relié toile ivoirine. 2 fr. 50

DIDEROT : Œuvres choisies illustrées. Avec biographie et notes, par Aug. Dupouy. *Trois vol.* 12 gravures. Chaque vol. sous couverture rempliée, 1 fr. 50; rel. t. ivoirine. 2 fr. 50
En *un seul volume*, reliure demi-peau, tête dorée . . . 6 francs

BEAUMARCHAIS : Théatre choisi illustré. Avec biographie et notes, par M. Roustan, agrégé de l'Université. *Deux vol.*, 8 grav. Chaque vol., br., 1 fr.; rel. t. souple. 1 fr. 30
En *un seul volume*, reliure demi-peau, tête dorée . . . 4 fr. 50

BERNARDIN DE SAINT-PIERRE : Paul et Virginie. Avec biographie et notes, par Aug. Dupouy, agrégé de l'Université. 4 grav. hors texte. Couverture rempliée. 1 fr. 50
Rel. toile ivoirine, 2 fr. 50; rel. demi-peau, tête dorée. 3 francs

BENJAMIN CONSTANT. Adolphe et Œuvres choisies. Avec biographie et notes par M. Allem. 2 hors-texte. Couv. rempliée, 1 fr. 50; rel. t. ivoirine, 2 fr. 50; rel. demi-peau. 3 francs

CHATEAUBRIAND : Œuvres choisies illustrées. Avec biographie et notes, par Dupouy. *Trois vol.*, 18 gravures. Chaque volume, broché, 1 fr.; relié toile souple. . . . 1 fr. 30
En *un seul volume*, reliure demi-peau, tête dorée . . . 6 francs

STENDHAL : La Chartreuse de Parme. Avec biographie et notes, par Dupouy. *Deux volumes*, 4 gravures hors texte. Chaque volume, broché, 1 fr.; relié toile souple . . . 1 fr. 30
En *un seul volume*, reliure demi-peau, tête dorée . . . 4 fr. 50

STENDHAL : Le Rouge et le Noir. Avec introduction et notes, par C. Stryienski. *Deux volumes*, 4 gravures hors texte. Chaque volume, broché, 1 fr.; relié toile souple. 1 fr. 30
En *un seul volume*, reliure demi-peau, tête dorée . . . 4 fr. 50

STENDHAL : Chroniques italiennes. Avec notices et annotations, par Dupouy. 4 gravures hors texte. Sous couverture rempliée, 1 fr. 50; relié toile ivoirine. . . . . . . 2 fr. 50

BALZAC : Œuvres choisies illustrées. *Huit volumes* illustrés de 7 gravures et 2 autographes. Chaque volume, broché, 1 franc; relié toile souple . . . . 1 fr. 30
En *trois volumes*, reliure demi-peau, tête dorée . . . . 16 fr. 50

GÉRARD DE NERVAL : Œuvres choisies illustrées. Avec biographie et notes, par Gauthier-Ferrières. 4 grav. Couv. rempl., 1 fr. 50; rel. t. ivoirine, 2 fr. 50; rel. d.-peau. 3 francs

MURGER : SCÈNES DE LA VIE DE BOHÈME. Avec notice biographique. 4 grav. hors texte. Couv. rempliée. 1 fr. 50
Rel. toile ivoirine, 2 fr. 50; rel. demi-peau, tête dorée. 3 francs

MUSSET : ŒUVRES COMPLÈTES ILLUSTRÉES. *Huit vol.*, 7 grav. et 2 autogr. Chaque vol., br., 1 fr.; rel. t. souple. 1 fr. 30
En *trois volumes*, reliure demi-peau, tête dorée . . . . 16 fr. 50

VIGNY : ŒUVRES ILLUSTRÉES. Avec biographie et notes, par GAUTHIER-FERRIÈRES. *Sept volumes*, 27 grav. hors texte. Chaque vol., couv. rempliée, 1 fr. 50; rel. toile ivoirine. 2 fr. 50
En *trois volumes*, reliure demi-peau, tête dorée . . . . 15 francs

VICTOR HUGO : ŒUVRES CHOISIES ILLUSTRÉES. Avec biographie et notices, par LÉOPOLD-LACOUR, agrégé de l'Université, et préface de G. SIMON. *Deux vol.*, 60 grav. (*Poésie*, 1 vol.; *Prose*, 1 vol.). Chaque volume, couverture rempliée. 5 francs
Relié toile ivoirine, 6 fr.; relié demi-peau, tête dorée. 8 francs

II — Anthologies.

ANTHOLOGIE DES ÉCRIVAINS FRANÇAIS DES XVe ET XVIe SIÈCLES. Avec biographies et notes, par GAUTHIER-FERRIÈRES. *Deux vol.* (*Poésie*, 1 vol.; *Prose*, 1 vol.). 36 grav. dont 8 hors texte, 18 autogr. Chaque vol., couvert. rempliée 1 fr. 50
Relié toile ivoirine, titre bleu et or, tête bleue . . . . 2 fr. 50
En *un seul volume*, reliure demi-peau, tête dorée . . . 4 fr. 50

ANTHOLOGIE DES ÉCRIVAINS FRANÇAIS DU XVIIe SIÈCLE. Avec biographies et notes, par GAUTHIER-FERRIÈRES. *Deux volumes* (*Poésie*, 1 vol.; *Prose*, 1 vol.). 45 portraits dont 8 hors texte, 51 autographes. Chaque volume, broché, 1 franc; relié toile souple. . . . . 1 fr. 30
En *un seul volume*, reliure demi-peau, tête dorée . . . 4 fr. 50

ANTHOLOGIE DES ÉCRIVAINS FRANÇAIS DU XVIIIe SIÈCLE. Avec biographies et notes, par GAUTHIER-FERRIÈRES. *Deux volumes* (*Poésie*, 1 vol.; *Prose*, 1 vol.). 61 portraits, dont 8 hors texte, 56 autographes. Chaque volume, broché, 1 franc; relié toile souple . . . . 1 fr. 30
En *un seul volume*, reliure demi-peau, tête dorée. . . . 4 fr. 50

ANTHOLOGIE DES ÉCRIVAINS FRANÇAIS DU XIXe SIÈCLE. Avec biographie et notes, par GAUTHIER-FERRIÈRES. *Quatre volumes* (*Poésie*, 2 vol.; *Prose*, 2 vol.). 89 portraits, dont 16 hors texte, 83 autographes. Chaque volume, broché, 1 franc; relié toile souple . . . . 1 fr. 30
En *un seul volume*, reliure demi-peau, tête dorée. . . . 7 francs

ANTHOLOGIE DES ÉCRIVAINS FRANÇAIS CONTEMPORAINS (POÉSIE). Avec notices, par GAUTHIER-FERRIÈRES. 4 portraits hors texte et 36 autographes. Sous couverture rempliée, 1 fr. 50; relié toile ivoirine. . . . . 2 fr. 50

Sous presse : ANTHOLOGIE DES ÉCRIVAINS FRANÇAIS CONTEMPORAINS (Prose).

ANTHOLOGIE DES ÉCRIVAINS SUÉDOIS CONTEMPORAINS, par T. HAMMAR. 4 gravures hors texte. Broché. . . . 1 franc
Relié toile souple . . . . 1 fr. 30

III — Histoire des littératures.

LA LITTÉRATURE FRANÇAISE AU XIXe SIÈCLE, par Ch. LE GOFFIC. Tableau d'ensemble absolument unique de la littérature française contemporaine : tous les genres, tous les écrivains. 76 grav. Br., 1 fr. 75; relié toile souple. . . 2 fr. 25

LITTÉRATURE ALLEMANDE, par W. THOMAS, agrégé de l'Univ. 57 grav. Br., 1 fr. 20; relié toile souple. 1 fr. 50

LITTÉRATURE ANGLAISE, par W. THOMAS, agrégé de l'Université. 56 grav. Br., 1 fr. 20; rel. toile souple. 1 fr. 50

LITTÉRATURE ITALIENNE, par G.-M. GATTI. 23 grav. Broché, 1 franc; relié toile souple . . . . 1 fr. 30

HISTOIRE DE LA LITTÉRATURE RUSSE, par L. LEGER, membre de l'Institut. 26 grav., 5 autographes. Broché, 0 fr. 75; relié toile souple . . . . 1 fr. 05

IV — Monographies.

MONTAIGNE, par L. COQUELIN. Sa vie et son œuvre (avec extraits). 6 grav. Br., 0 fr. 75; relié toile souple. 1 fr. 05

MUSSET, par GAUTHIER-FERRIÈRES. Sa vie et son œuvre (avec extraits). 4 grav. Br., 0 fr. 75; rel. t. souple. 1 fr. 05

VIGNY, par Aug. DUPOUY. Sa vie et son œuvre. 4 gravures. Broché, 1 fr., relié toile souple. . . . . 1 fr. 30

DAUDET, par P. et V. MARGUERITTE, etc. Sa vie et son œuvre (avec extraits). 8 gr. Br., 0 fr. 75; rel. t. 1 fr. 05

GŒTHE, par Ch. SIMOND. Sa vie et son œuvre (avec extraits). 4 gravures. Broché, 0 fr. 75; relié toile souple. . 1 fr. 05

SCHILLER, par Ch. SIMOND. Sa vie et son œuvre (avec extraits). 4 grav. Br., 0 fr. 75; relié toile souple . 1 fr. 05

HEINE, par A. TOPIN. Sa vie et son œuvre (avec extraits). 4 gravures. Broché, 1 franc; relié toile souple. . 1 fr. 30

TOLSTOÏ, par OSSIP-LOURIÉ. Sa vie et son œuvre (avec extraits). 4 grav. Br., 0 fr. 75; relié toile souple . 1 fr. 05

IBSEN, par OSSIP-LOURIÉ. Sa vie et son œuvre (avec extraits). 4 grav. Br., 0 fr. 75; relié toile souple. . 1 fr. 05

BEAUX-ARTS

ANTHOLOGIE D'ART FRANÇAIS : XIXe SIÈCLE (PEINTURE), par Ch. SAUNIER. *Deux vol.* contenant 240 reprod. photogr. en pleine page. Chaque vol., br., 2 fr. 50; relié toile. 3 fr. 50
Édition de luxe sur papier mat, chaque volume, br. 5 francs

ANTHOLOGIE D'ART FRANÇAIS : XXe SIÈCLE (PEINTURE), par Ch. SAUNIER. 128 reproductions photographiques en pleine page. Broché, 3 fr. 50; relié toile souple. . 4 fr. 50
Édition de luxe sur papier mat, broché . . . . 6 francs

REMBRANDT, par A. BRÉAL. 24 grav. h. texte. Br. 1 fr. 20
Relié toile souple. . . . . 1 fr. 50

L'ART A L'ÉCOLE, par Ch.-M. COUYBA et les membres du Comité de la Société française de l'Art à l'École. 70 gravures. Broché, 1 fr. 20; relié toile souple . . . . 1 fr. 50

HISTOIRE ET GÉOGRAPHIE

HISTOIRE DE RUSSIE, par L. LEGER. 12 grav., 2 cartes. Broché, 0 fr. 75; relié toile souple. . . . . 1 fr. 05

GÉOGRAPHIE RAPIDE DE L'EUROPE, par Onésime RECLUS. 16 gravures, 1 carte. Br., 1 fr. 20; rel. toile souple. 1 fr. 50

GÉOGRAPHIE RAPIDE DE LA FRANCE, par RECLUS. 18 grav. Broché, 1 fr. 20; relié toile souple. . . . . 1 fr. 50

SCIENCES PURES ET APPLIQUÉES

QU'EST-CE QUE LA SCIENCE? par F. LE DANTEC, chargé de cours à la Sorbonne. 88 grav. Broché. . 1 fr. 20
Relié toile souple. . . . . 1 fr. 50

L'ÉVOLUTION DE L'ASTRONOMIE AU XIXe SIÈCLE, par P. BUSCO. Pages choisies des grands astronomes. 63 gr. dont 16 hors texte. Br., 1 fr. 50; rel. toile souple . 1 fr. 90

L'ÉVOLUTION DE LA PHYSIQUE AU XIXe SIÈCLE, par M. COSMOVICI. Pages choisies des grands physiciens. 8 portraits hors texte. Br., 1 fr. 50; relié t. souple. 1 fr. 90

L'ÉVOLUTION DE LA CHIMIE AU XIXe SIÈCLE, par Marcel OSWALD. Pages choisies des grands chimistes. 16 portraits hors texte. Broché, 1 fr. 50; relié toile souple. 1 fr. 90

LE RADIUM, sa genèse, ses propriétés et ses emplois, par André LANCIEN. 39 grav. et 1 pl. hors texte. Br. . 1 fr. 50
Relié toile souple. 1 fr. 90

LA PHOTOGRAPHIE DES COULEURS, par COUSTET. 22 gr. Broché, 0 fr. 75; relié toile souple . . . . 1 fr. 05

L'ÉLECTRICITÉ A LA MAISON, par H. de GRAFFIGNY. 100 gravures. Broché, 1 franc; relié toile souple . . 1 fr. 40

LES ALLIAGES MÉTALLIQUES, par HÉMARDINQUER. 9 gr. Broché, 0 fr. 50; relié toile souple . . . . 0 fr. 75

LA VOIX PROFESSIONNELLE, par le Dr P. BONNIER. 39 grav. Broché, 2 francs; relié toile souple. . . . . 2 fr. 50

VIE SOCIALE ET DROIT USUEL

LA VIE ÉCONOMIQUE, par Frédéric PASSY. Broché . 1 fr. 20
Relié toile souple . . . . 1 fr. 50

ENTRE LOCATAIRES ET PROPRIÉTAIRES, par D. MASSÉ. Broché, 1 fr. 20; relié toile souple . . . . 1 fr. 50

LES ASSURANCES, par E. ADAM. Guide pratique. Broché, 0 fr. 75; relié toile souple . . . . 1 fr. 05

CE QUE LA LOI PUNIT, par GUYON. Code pénal expliqué. Broché, 0 fr. 90; relié toile souple. . . . . 1 fr. 20

LES ACCIDENTS DU TRAVAIL, par L. ANDRÉ. Br. 1 fr. 20
Relié toile souple. . . . . 1 fr. 50

ASSISTANCE AUX VIEILLARDS, AUX INFIRMES, AUX INCURABLES. Broché, 1 fr. 20; relié toile souple. . . 1 fr. 50

CODE MUNICIPAL, par Max LEGRAND. Broché. 1 fr. 20
Relié toile souple. . . . . 1 fr. 50

DROITS DE TIMBRE ET D'ENREGISTREMENT, par A. LANOË. Broché, 1 fr. 50; relié toile souple. . . . . 1 fr. 90

POUR FAIRE SOI-MÊME SON TESTAMENT, par Léon PARISOT. Broché, 1 fr. 50; relié toile souple. . . . . . 1 fr. 90

MÉDECINE ET HYGIÈNE

L'ESTOMAC, hygiène, maladies, traitement, par le Dr M.-A. LEGRAND. 14 grav. Br., 1 fr.; relié toile. 1 fr. 30

L'ŒIL, hygiène, maladies, traitement, par le Dr VALUDE, médecin de la clinique des Quinze-Vingts. 54 gravures. Broché, 1 fr.; relié toile souple . . . . 1 fr. 30

L'OREILLE, hygiène, maladies, traitement, par le Dr M.-A. LEGRAND. 74 gravures. Broché, 1 fr. 20; relié toile . 1 fr. 50

LA BOUCHE ET LES DENTS, hygiène, maladies, traitement, par le Dr ROSENTHAL. 28 gravures. Br. 1 franc Relié toile souple. . . . . 1 fr. 30

LE NEZ ET LA GORGE, hygiène, maladies, traitement, par le Dr A. NEPVEU. 48 grav. Br., 1 fr.; relié toile. 1 fr. 30

LA PEAU ET LA CHEVELURE, hygiène, maladies, traitement, par le Dr M.-A. LEGRAND. 65 gravures. Broché . . 1 fr. 20 Relié toile souple. 1 fr. 50

LE VISAGE, CORRECTIONS DES DIFFORMITÉS, par le Dr L. LAGARDE; 75 gravures. Broché, 1 fr. 20; relié toile. . 1 fr. 65

LES NERFS ET LEUR HYGIÈNE, par le Dr GUILLERMIN. Broché, 0 fr. 75; relié toile souple. . . . . 1 fr. 05

LES MALADIES DE POITRINE, par le Dr GALTIER-BOISSIÈRE. 63 gravures. Broché, 1 fr. 35; relié toile souple . . 1 fr. 75

CHIRURGIE D'URGENCE, par le Dr L. BILLON. 46 gravures. Broché, 1 fr. 35; relié toile souple. . . . . . 1 fr. 75

ARTHRITISME ET ARTÉRIO-SCLÉROSE, par le Dr LAUMONIER. Broché, 1 fr. 20; relié toile souple . . . . 1 fr. 50

HERNIES ET VARICES, par L. et J. RAINAL. 55 gravures. Broché, 0 fr. 90; relié toile souple. . . . . 1 fr. 20

PRÉCIS D'ALIMENTATION RATIONNELLE, par le Dr PASCAULT. Broché, 1 fr. 20; relié toile souple. 1 fr. 50

LA CUISINE HYGIÉNIQUE, par Mme Cl. FAURE, avec introduction du Dr GUILLERMIN. Br., 1 fr. 50; rel. t. 1 fr. 95

POUR ÉLEVER LES NOURRISSONS, par le Dr GALTIER-BOISSIÈRE. 62 grav. Broché, 0 fr. 90; relié t. 1 fr. 20

POUR PRÉSERVER DES MALADIES VÉNÉRIENNES, par le Dr GALTIER-BOISSIÈRE. 34 grav. Br., 0 fr. 75; rel t. 1 fr. 05

LES VACCINS MICROBIENS, par le Dr RENAUD-BADET. 12 gravures. Broché, 1 fr.; relié toile souple . . . . 1 fr. 30

AGRICULTURE

ROUTINE ET PROGRÈS EN AGRICULTURE, par DUMONT. 92 grav. Broché, 1 fr. 80 ; rel. t. souple. 2 fr. 25

LE JARDIN DE L'INSTITUTEUR, DE L'OUVRIER ET DE L'AMATEUR, par P. BERTRAND. Manuel pratique de jardinage. 60 grav. et 9 pl. Broché, 1 fr. 20 ; rel. toile souple. 1 fr. 50

LE VERGER DE L'INSTITUTEUR, DE L'OUVRIER ET DE L'AMATEUR, par P. BERTRAND. 193 gravures. Br. . 1 fr. 20
Relié toile souple . . . . 1 fr. 50

LE BÉTAIL, par Marcel VACHER. 10 gravures. Br. 0 fr. 75
Relié toile souple. . . . . 1 fr. 15

LE PORC, par Marcel VACHER. 10 gravures. Br. . 0 fr. 75
Relié toile souple . . . . 1 fr. 15

TOUTE LA BASSE-COUR, par H. VOITELLIER. 11 grav., 24 planches. Broché, 1 fr. 50 ; relié toile souple . . 1 fr. 95

AMÉLIORATIONS DU SOL, par M. ABADIE. 95 grav. Broché, 0 fr. 90 ; relié toile souple . . . . 1 fr. 20

DES FOURRAGES VERTS TOUTE L'ANNÉE, par COMPAIN. 44 grav. Br., 0 fr. 90 ; relié toile souple. 1 fr. 20

CONNAISSANCES PRATIQUES

DÉFENDS TON ARGENT, par G. SOREPH. 4 gravures. Broché, 0 fr. 90 ; relié toile souple. . . . . 1 fr. 20

LA CUISINE A BON MARCHÉ, par Mme J. SÉVRETTE. Broché, 0 fr. 90 ; relié toile souple. . . . . 1 fr. 20

LA NOURRITURE DE L'ENFANCE, par le Dr H. LEGRAND. Broché, 1 fr. 20 ; relié toile souple. . . . . 1 fr. 50

LE GUIDE MONDAIN, par la comtesse DE MAGALLON. Broché, 0 fr. 90 ; relié toile souple . . . . 1 fr. 20

CHAMPIGNONS MORTELS ET DANGEREUX, par F. GUÉGUEN, professeur agrégé à l'École supérieure de Pharmacie. 7 planches en couleurs. Relié toile souple . 1 fr. 50

LE PASSE-TEMPS DES MOIS, par DELOSIÈRE. 111 grav. Broché, 0 fr. 75 ; relié toile souple. . . . . 1 fr. 05

LA MAISON FLEURIE, par F. FAIDEAU. 61 gravures. Broché, 0 fr. 90 ; relié toile souple. . . . . 1 fr. 20

LES HABITATIONS A BON MARCHÉ et un art nouveau pour le peuple, par Jean LAHOR. 39 gravures. Broché. 2 francs
Relié toile souple . . . . 2 fr. 30

LE DESSIN DE L'ARTISAN ET DE L'OUVRIER, par CHEVRIER. Broché, 0 fr. 75; relié toile souple. . . . . . 1 fr. 05

POUR FORMER UN TIREUR, par VIOLET et VOULQUIN. Broché, 0 fr. 75; relié toile souple. . . . . 1 fr. 05

FRONTIÈRES FRANÇAISES, FORTS, CAMPS RETRANCHÉS, par G. VOULQUIN. *Trois vol.* illustrés de nombreuses grav. et cartes. Chaque vol., broché, 1 fr. 20; rel. t. souple. 1 fr. 50

SPORTS

LE LAWN-TENNIS, LE GOLF, LE CROQUET, LE POLO, par P. CHAMP, F. DE BELLET, A. DESPRÉS, F. CAZE DE CAUMONT. 50 grav. dont 24 hors texte. Relié toile souple. . . 2 francs

LES SPORTS ATHLÉTIQUES : *Football, Course à pied, Saut, Lancement,* par P. et J. GARCET DE VAURESMONT. 45 gravures. Relié toile souple. . . . . 2 francs

LES SPORTS NAUTIQUES : *Aviron, Natation, Water-polo,* par Louis DOYEN, Paul AUGÉ et Georges MOËBS. 41 grav. dont 24 hors texte. Relié toile souple . . . . 2 francs

LA BOXE : *Boxe anglaise et française, Lutte,* par J. MOREAU, CHARLEMONT, LUSCIEZ et DERIAZ. 48 gr. Rel. t. 2 francs

L'ESCRIME : *Fleuret, Épée, Sabre,* par KIRCHHOFFER, J. JOSEPH-RENAUD et L. LECUYER. 48 grav. Rel. toile. 1 fr. 30

LA CHASSE A TIR AU CHIEN D'ARRÊT ET LA CHASSE AU GIBIER D'EAU, par GASTINNE-RENETTE, P. BERT, Cte J. CLARY, VOULQUIN, etc. 128 gravures. Relié toile souple . . 2 francs

LE PATINAGE ARTISTIQUE, par Louis MAGNUS. 33 gravures et 19 planches hors texte. Relié toile souple. 2 francs

LES ÉCLAIREURS DE FRANCE ET LE ROLE SOCIAL DU SCOUTISME FRANÇAIS, par le capitaine ROYET. 28 gravures hors texte. Relié toile souple. . . . . 2 francs

JEUX ET CONCOURS DE PLEIN AIR à la campagne, à la mer, à l'école, par le baron GUSTAVE. 60 gravures dont 32 hors texte. Relié toile souple . . . . 2 francs

Collection in-4° Larousse

Splendides ouvrages de luxe (format 32 × 26)
merveilleusement illustrés par la photographie
Reliures artistiques originales

HISTOIRE DE FRANCE ILLUSTRÉE (DES ORIGINES A LA FIN DE LA GUERRE DE 1870-71), *en deux volumes.* La plus intéressante et la plus belle histoire de France qui ait jamais été publiée. 2 028 gravures photographiques, 43 planches en couleurs, 9 cartes en couleurs, 96 cartes en noir. Broché, 53 fr.; relié demi-chagrin. . . . . . 65 francs

LA FRANCE, GÉOGRAPHIE ILLUSTRÉE, *en deux volumes*, par P. JOUSSET. Merveilleuse et vivante évocation de toutes les beautés de notre pays. 1 942 gravures photographiques, 47 planches hors texte, 21 cartes et plans en noir, 30 cartes en couleurs. Broché. . . . . 56 francs
Relié demi-chagrin . . . . 68 francs

ATLAS COLONIAL ILLUSTRÉ. 7 cartes en couleurs, 70 cartes en noir, 16 planches hors texte, 768 gravures photographiques. Broché . . . . 18 francs
Relié demi-chagrin . . . . 23 francs

PARIS-ATLAS, par F. BOURNON. 595 gravures photographiques, 32 dessins, 24 plans en huit couleurs. Br. . 18 francs
Relié demi-chagrin. . . . . 23 francs

L'ALLEMAGNE CONTEMPORAINE ILLUSTRÉE, par P. JOUSSET. 588 gravures photographiques, 8 cartes en couleurs, 14 cartes ou plans en noir. Broché. . . . 18 francs
Relié demi-chagrin . . . . 23 francs

LA BELGIQUE ILLUSTRÉE, par DUMONT-WILDEN. 601 gravures photographiques, 15 planches hors texte, 4 planches en couleurs, 6 cartes en couleurs, 19 cartes en noir. Broché, 20 francs; relié demi-chagrin . . . . 26 francs

L'ESPAGNE ET LE PORTUGAL ILLUSTRÉS, par P. JOUSSET. 772 gravures photographiques, 10 cartes et plans en couleurs, 11 cartes et plans en noir. Broché . . . 22 francs
Relié demi-chagrin. . . . . 28 francs

LA HOLLANDE ILLUSTRÉE, par VAN KEYMEULEN, BOOT, etc. 349 gravures photographiques, 2 planches en couleurs, 15 planches en noir, 4 cartes en couleurs, 35 cartes en noir. Broché, 12 francs; relié demi-chagrin . . . . 17 francs

L'ITALIE ILLUSTRÉE, par P. JOUSSET. 784 gravures photographiques, 14 cartes et plans en couleurs, 9 cartes en noir. Broché, 22 francs; relié demi-chagrin. . . . . 28 francs

LE JAPON ILLUSTRÉ, par Félicien CHALLAYE. 677 gravures photographiques, 4 planches en couleurs, 8 planches en noir, 11 cartes et plans en couleurs, 15 cartes et plans en noir. Broché, 20 francs; relié demi-chagrin. . . . . . . 26 francs

LA SUISSE ILLUSTRÉE, par A. DAUZAT, 635 gravures photographiques, 10 cartes en noir, 11 cartes en couleurs, 2 pl. en coul., 12 pl. en noir. Broché, 19 fr.; rel. demi-ch. 25 francs

ATLAS LAROUSSE ILLUSTRÉ. 42 cartes en couleurs, 1 158 grav. photogr. Br., 26 fr.; relié d.-chagrin. 32 francs

LA TERRE, GÉOLOGIE PITTORESQUE, par Aug. ROBIN. 760 gravures photographiques, 24 hors-texte, 53 tableaux de fossiles, 158 dessins et 3 cartes en couleurs. Broché. 18 francs
Relié demi-chagrin. . . . . 23 francs

LA MER, par CLERC-RAMPAL. 636 gravures photographiques, 16 hors-texte, 4 planches en couleurs, 6 cartes en couleurs, 316 cartes en noir ou dessins. Broché . . . . 20 francs
Relié demi-chagrin. . . . . 26 francs

LE MUSÉE D'ART (DES ORIGINES AU XIXe SIÈCLE), publié sous la direction d'E. MÜNTZ. 900 grav. photogr., 50 planches hors texte. Broché, 22 fr.; relié demi-chagrin . . 27 francs

LE MUSÉE D'ART (XIXe SIÈCLE). 1 000 gravures photographiques, 58 planches hors texte. Broché. . . . . . 28 francs
Relié demi-chagrin. . . . . 34 francs

LES SPORTS MODERNES ILLUSTRÉS, encyclopédie sportive illustrée, publiée sous la direction de P. MOREAU et G. VOULQUIN. 813 gravures, 28 planches hors texte. Broché, 20 francs; relié demi-chagrin . . . . 26 francs

En cours de publication : HISTOIRE DE FRANCE CONTEMPORAINE ILLUSTRÉE.

Paris — Imp. LAROUSSE, 17, rue Montparnasse. — 723

www.ingramcontent.com/pod-product-compliance
Lightning Source LLC
LaVergne TN
LVHW050426160826
845677LV00002BA/568

* 9 7 8 2 3 2 9 6 9 2 3 6 4 *